电子信息科学与技术丛书

调频连续波雷达
原理、设计与应用

许致火 著

清华大学出版社

北京

内 容 简 介

　　本书聚焦当前主流的毫米波雷达芯片系统及其信号处理技术，突出民用毫米波雷达的核心理论内容，结合深度学习和人工智能在雷达信号处理和应用中的发展趋势，涵盖了从单通道、MIMO 点云检测到雷达成像技术领域。

　　作为调频连续波雷达技术及其应用的系统性教材，全书包括雷达理论与实验、原理设计及应用、重点难点化简分解推导、程序代码辅助理解等内容，共分 8 章。第 1 章介绍雷达电磁信号传播，第 2 章讲述雷达信号处理基础，第 3 章重点介绍 FMCW 雷达系统原理，第 4 章探讨 FMCW 雷达干扰及其抑制，第 5 章研究 FMCW 雷达目标跟踪，第 6 章聚焦非接触人体呼吸和心跳检测，第 7 章讲述毫米波雷达成像及其图像理解应用，第 8 章讲述毫米波雷达实验。

　　本书内容紧凑、简明扼要，理论与实践并重，涵盖雷达信号处理、FMCW 雷达系统原理与应用、雷达抗干扰技术及毫米波雷达成像等关键领域，适合电子信息类专业高年级本科生、研究生和从事毫米波雷达研发的专业人员作为学习参考书。

图书在版编目(CIP)数据

　　调频连续波雷达：原理、设计与应用/许致火著. --北京：清华大学出版社，2025.3. --（电子信息科学与技术丛书）. -- ISBN 978-7-302-68415-2

　　I. TN958

　　中国国家版本馆 CIP 数据核字第 20250Q7G54 号

责任编辑：曾　珊
封面设计：李召霞
责任校对：王勤勤
责任印制：宋　林

出版发行：清华大学出版社
　　　　　网　　　址：https://www.tup.com.cn, https://www.wqxuetang.com
　　　　　地　　　址：北京清华大学学研大厦 A 座　　　　邮　　编：100084
　　　　　社 总 机：010-83470000　　　　　　　　　　　邮　　购：010-62786544
　　　　　投稿与读者服务：010-62776969, c-service@tup.tsinghua.edu.cn
　　　　　质量反馈：010-62772015, zhiliang@tup.tsinghua.edu.cn
　　　　　课件下载：https://www.tup.com.cn,010-83470236
印 装 者：三河市铭诚印务有限公司
经　　　销：全国新华书店
开　　　本：186mm×240mm　　　　印　张：11　　　　字　数：196 千字
版　　　次：2025 年 3 月第 1 版　　　　　　　　　印　次：2025 年 3 月第 1 次印刷
印　　　数：1~1500
定　　　价：69.00 元

产品编号：102180-01

前 言
PREFACE

雷达是英文单词 Radar 的音译，其英文全称是 radio detection and ranging（无线电探测和测距）。1935 年，英国物理学家罗伯特·沃森-瓦特（Robert Watson-Watt, 1892—1973）与 Arnold Wilkins、Albert Percival Rowe 等设计并利用无线电接收机成功获取了飞机目标回波，标志着雷达的诞生。自诞生至今，雷达从军事应用走向广泛的民用领域，成为造福人类和保护地球的重要工具。尤其是 2013 年以来，微小型雷达集成电路芯片的问世加速了雷达在民用领域的应用，比如自动驾驶的目标定位，交通流量精细化监测，地表环境监测，智能安防，智能家居楼宇无接触感应控制，智慧医疗中人体呼吸和心跳检测，等等。

雷达以电磁波形式发射信号和接收回波。那些发现电磁场与电磁波的科学家无疑是在人类发展进程中闪耀的群星，为人类带来了无限可能，提高了沟通效率。相对于远古时代，电磁波的利用间接地延长了人类寿命。人类发现电磁场与电磁波，开启了第二次、第三次工业革命。余音绕梁，第四次科技革命仍在其基础上顺势而发。最近十年，新一代民用通信带宽提升，智能手机终端产品迭代，以及物联网技术的成熟促使全球进入万物数字互联时代。各种设备包括中间信息的数字化、自动化，加上日益成熟、性能强大的机器学习理论及算法，全球各个行业朝着智能化趋势发展。在这个万物数字化生长的时代，雷达将重新定位，不仅会抹去以前军用的神秘色彩，还会变得更加亲和亲民，将会像智能摄像头一样走近普通消费者。

在这一历史潮流下，新型雷达芯片企业、系统级雷达公司、不同场景下雷达新产品不断涌现。这个时代对民用小雷达有广泛需求，民用雷达公司迫切期待人才。没有早一步，也没有晚一步，必须重视国产民用小雷达的技术人才培养问题。作者尽自己所能认真写好这本民用小雷达教材，期望搭建企业人才需求和高校人才培养的良好桥梁。

因此，本教材同时注重理论教学与实践操作，让读者能读懂雷达，也能用雷达，更要会设计雷达。本书的主要章节围绕雷达电磁信号与散射、信号表示与变换、FMCW雷达系统设计、雷达信号处理、雷达目标跟踪、雷达成像技术、目标信息智能识别与利用，以及雷达实验操作等内容，知识点内容讲求复杂问题简单化，再加以相关的计算机程序、相关的习题和雷达实验操作，让读者爱上小雷达，并利用雷达传播爱和善意，提高生产效率、节能环保、呵护生命，造福人类和地球。

本教材专为高年级本科生、研究生和从事毫米波雷达研发的专业人员编写，聚焦目前毫米波雷达芯片主流产品，突出民用毫米波雷达的重点理论内容，结合当前深度学习和人工智能对雷达信号处理和应用的发展趋势，从单通道、MIMO点云检测到雷达成像技术，覆盖雷达理论与实验、原理设计及应用、重点难点化简分解推导、程序代码辅助理解等，主要内容如下。

- 第1章　雷达电磁信号传播。本章首先回顾麦克斯韦方程，简述平面电磁波，给出雷达微带天线相关基础理论，分析雷达接收机前端噪声，并结合天线相关知识推导雷达方程。

- 第2章　雷达信号处理基础。本章从信号表示与变换简述傅里叶级数、傅里叶变换和离散傅里叶变换，并解决了模拟信号采样后的无限频谱延拓的等效表示，进而给出了雷达目标信息测量原理，分析了雷达距离和速度模糊、雷达检测概率和虚警概率，推导了雷达恒虚警概率技术，最后从随机信号的角度深入分析了雷达信号匹配滤波原理。

- 第3章　FMCW雷达系统原理。本章从雷达作用威力和距离分辨率的矛盾出发，引出LFM信号，分析了该信号的特点以及时域和频域匹配滤波方法。以现有主流毫米波雷达产品为参考，给出了时分复用FMCW雷达的工作原理、信号处理、系统设计以及系统仿真。

- 第4章　FMCW雷达干扰及其抑制。本章从现有的汽车雷达标准法规角度分析了雷达之间干扰的可能性，并从理论上对干扰进行了分类，推导了干扰空间分布概率、干扰信号表达式，并总结讲述了干扰抑制方法。

- 第5章　FMCW雷达目标跟踪。本章面向自动驾驶应用领域，从递归贝叶斯估计方法推导了卡尔曼滤波，讲述雷达在非线性观测下的多目标跟踪方法。

- 第6章　非接触人体呼吸和心跳检测。本章面向毫米波雷达在智慧医疗应用新领域，分别推导了单频连续波雷达和调频连续波雷达检测人体呼吸和心跳信号的原理，并逐步讲述了人体呼吸和心跳检测处理过程；结合当前的深度学习理论方法，本章还利用雷达进行非接触式测量人体心电图（Electrocardiogram，ECG）波形。这一崭新的应用为毫米波雷达技术开辟了新的研究领域，具有广泛的潜在应用前景。

- 第7章　毫米波雷达成像及其图像理解应用。在现有汽车毫米波雷达技术中，雷达仅能获取目标的三维点云数据，无法精准感知目标的形状和更加细致的结构，例如道路路面信息。因此，雷达成像技术是无人设备环境感知发展的关键技术趋势。为此，本章深入介绍合成孔径以及实孔径雷达成像方法。在合成孔径成像上，分享笔者自己研发的FMCW雷达成像方法原理：距离多普勒成像、两维波数域成像，以及后向投影成像方法；在实孔径雷达成像方面，具体介绍的雷达通过机械旋转实现天线的360°扫描的先进成像方法。这些成像技术所获取的雷达图像提供的信息比起MIMO虚拟天线阵列所获取的点云数据将更为丰富，包含目标的形状和结构信息，可为高级别自动驾驶系统提供更可靠的数据支持。然而，与光学摄像头获取的图像相比，毫米波雷达图像并不易于理解和解释，给图像信息提取和应用带来一定的挑战。因此，本章将从数据模型的角度深入讲解毫米波雷达图像，设计有效的雷达图像相干噪声抑制方法，以提高图像质量。同时，本章还引入了深度学习模型，为毫米波雷达图像的道路提取方法提供了新的思路和技术流程。笔者相信这一章的内容能起到抛砖引玉的作用，激发读者进一步探索与创新，探讨更多高级应用内容，例如车辆识别、行人识别和路面可行驶程度评估等领域。这些挑战性的任务将进一步拓展毫米波雷达技术的应用领域，为未来智能交通和自动驾驶技术的发展贡献更多的智慧和探索。
- 第8章　毫米波雷达实验。本章采用德州仪器（Texas Instruments, TI）开发的雷达实验硬件和软件，分别讲述了TI雷达实验软硬件方案、数据采集与处理方法，设计了FMCW雷达干扰实验、微多普勒特征提取实验与人体呼吸信号检测实验。

本教材是在作者主持的江苏省自然科学青年基金项目（BK20180945）和面上项目（BK20231336）长期资助下的前沿技术探索积累。高校应引领市场及行业，因此及时将科研成果转化成教学课程。在教材的出版经费上，荣幸地获得多方面支持和帮助。特别地，本教材荣获南通大学研究生教材建设专项基金的资助。在教材立项过程中，南通大学智能交通系的高锐锋主任给予了作者巨大支持。

深深感谢德州仪器大学计划部的王沁经理、潘亚涛先生及谢胜详先生，他们的大力支持使得实验硬件和案例开发取得了更上一层楼的突破。

代码

在此，作者向南通大学和德州仪器的同事、朋友们，深表衷心的感谢和由衷的敬意。正是这么多的支持与鼓励，让本教材得以问世，能为民用小雷达技术的进步提供技术参考。我们将一如既往地勇于创新，为民用雷达科技教育贡献更多的力量，携手共创更美好的明天。

彩图

感谢我的妻子和孩子的默默付出。正是你们的支持和对我纯真的爱，使我有时间静下心来认真撰写这本教材，遗憾的是少了许多陪伴你们的时间。

由于知识、时间和精力有限，尽管已努力避免错误，但仍难免存在一些疏漏。在此恳请各位读者不吝赐函，给予宝贵的修改意见。

最后，祝愿读者在这个万物数字互联智能的时代学有所爱，学有所乐，用有其乐。致敬不服输、努力奋斗、把美好奉献给他人的平凡人们！

许致火
于2024年10月

目 录
CONTENTS

插图目录
FIGURES CONTENTS

表格目录
TABLES CONTENTS

第1章

雷达电磁信号传播

内容提要

- ❏ 麦克斯韦方程
- ❏ 传输线方程
- ❏ 接收机前端噪声
- ❏ 平面电磁波
- ❏ 雷达微带天线
- ❏ 雷达方程

1.1 麦克斯韦方程

英国物理学家詹姆斯·克拉克·麦克斯韦（James Clerk Maxwell, 1831—1879）在前人实验和理论总结的基础上，提出将电、磁、光统归为电磁场现象的麦克斯韦方程组。他在1864年发表的论文《电磁场的动力学理论》中，提出电磁和磁场以波的形式以光速在空间中传播，并提出光是引起同种介质电场和磁场中许多现象的电磁扰动，同时在理论上预测了电磁波的存在。麦克斯韦方程由全电流定律、电磁感应定律、磁通连续性原理和高斯定理组成，相应的4个方程式描述为

$$
\begin{cases}
\oint_l \boldsymbol{H} \cdot \mathrm{d}\boldsymbol{l} = \int_S \left(\boldsymbol{J} + \dfrac{\partial \boldsymbol{D}}{\partial t} \right) \cdot \mathrm{d}\boldsymbol{S} \\
\oint_l \boldsymbol{E} \cdot \mathrm{d}\boldsymbol{l} = -\int_S \dfrac{\partial \boldsymbol{B}}{\partial t} \cdot \mathrm{d}\boldsymbol{S} \\
\oint_S \boldsymbol{B} \cdot \mathrm{d}\boldsymbol{S} = 0 \\
\oint_S \boldsymbol{D} \cdot \mathrm{d}\boldsymbol{S} = q
\end{cases}
\tag{1.1}
$$

式中，$\boldsymbol{E}$ 与 $\boldsymbol{H}$ 分别为电磁强度和磁场强度，$\boldsymbol{J}$ 为运导电流密度，电通密度（电位移）$\boldsymbol{D} = \varepsilon \boldsymbol{E}$，$\varepsilon$ 为介质的介电常数，$\dfrac{\partial \boldsymbol{D}}{\partial t}$ 为位移电流密度，磁感应强度 $\boldsymbol{B} = \mu \boldsymbol{H}$，$\mu$ 为介

质磁导率，l 为有向曲线，q 为有向闭合曲面 S 包围的电荷，其密度为 ρ。

运用高斯定理和斯托克斯定理，麦克斯韦方程式可表示为

$$\begin{cases} \nabla \times \boldsymbol{H} = \boldsymbol{J} + \dfrac{\partial \boldsymbol{D}}{\partial t} \\[2mm] \nabla \times \boldsymbol{E} = -\dfrac{\partial \boldsymbol{B}}{\partial t} \\[2mm] \nabla \cdot \boldsymbol{B} = 0 \\[2mm] \nabla \cdot \boldsymbol{D} = \rho \end{cases} \tag{1.2}$$

式中，散度运算表达式为 $\nabla \cdot \boldsymbol{A} = \dfrac{\partial A_x}{\partial x} + \dfrac{\partial A_y}{\partial y} + \dfrac{\partial A_z}{\partial z}$，旋度运算 $\nabla \times \boldsymbol{A}$ 为

$$\nabla \times \boldsymbol{A} = \begin{vmatrix} \boldsymbol{e}_x & \boldsymbol{e}_y & \boldsymbol{e}_z \\[2mm] \dfrac{\partial}{\partial x} & \dfrac{\partial}{\partial y} & \dfrac{\partial}{\partial z} \\[2mm] A_x & A_y & A_z \end{vmatrix}$$

1887 年，德国物理学家海因里希·鲁道夫·赫兹（Heinrich Rudolf Hertz，1857—1894）用实验证实了电磁波的存在。

1.2　平面电磁波

假设没有电磁波外源，电磁波在某一理想介质 (电导率 $\sigma = 0$) 中传播，根据麦克斯韦方程，其在时间 t 和空间 $\boldsymbol{r}$ 的强度可表达成

$$\begin{cases} \nabla^2 \boldsymbol{E}(\boldsymbol{r},t) - \mu\varepsilon \dfrac{\partial^2 \boldsymbol{E}(\boldsymbol{r},t)}{\partial t^2} = 0 \\[2mm] \nabla^2 \boldsymbol{H}(\boldsymbol{r},t) - \mu\varepsilon \dfrac{\partial^2 \boldsymbol{H}(\boldsymbol{r},t)}{\partial t^2} = 0 \end{cases} \tag{1.3}$$

式中，$\boldsymbol{r}$ 为电场和磁场所在的空间位置向量，在笛卡儿坐标系中为 $\boldsymbol{r} = x\boldsymbol{e}_x + y\boldsymbol{e}_y + z\boldsymbol{e}_z$；$\nabla^2$ 为拉普拉斯算子，其运算表达式为 $\nabla^2 = \dfrac{\partial^2}{\partial x^2} + \dfrac{\partial^2}{\partial y^2} + \dfrac{\partial^2}{\partial z^2}$。

这里以正弦电磁场为例讨论其电磁波。正弦电磁场的场强的方向为空间的函数，大小变化为正弦时间函数，其表达式为

$$\boldsymbol{E}(\boldsymbol{r},t) = \boldsymbol{E}_m(\boldsymbol{r})\sin[wt + \varphi(\boldsymbol{r})] \tag{1.4}$$

式中，w 为电磁场的角频率，$\varphi(\boldsymbol{r})$ 为初始相位。

采用复数表示方法，正弦电磁场可表达成

$$\boldsymbol{E}(\boldsymbol{r}, t) = \boldsymbol{E}_m(\boldsymbol{r})\mathrm{e}^{\mathrm{j}[wt+\varphi(\boldsymbol{r})]} \tag{1.5}$$

对于正弦电磁场，把式(1.5)代入式(1.3)，可得

$$\begin{cases} \nabla^2 \boldsymbol{E}(\boldsymbol{r}) + w^2\mu\varepsilon\boldsymbol{E}(\boldsymbol{r}) = 0 \\ \nabla^2 \boldsymbol{H}(\boldsymbol{r}) + w^2\mu\varepsilon\boldsymbol{H}(\boldsymbol{r}) = 0 \end{cases} \tag{1.6}$$

令 $k = w\sqrt{\mu\varepsilon}$，电场在直角坐标系中可分解成

$$\begin{cases} \nabla^2 \boldsymbol{E}_x(\boldsymbol{r}) + k^2\boldsymbol{E}_x(\boldsymbol{r}) = 0 \\ \nabla^2 \boldsymbol{E}_y(\boldsymbol{r}) + k^2\boldsymbol{E}_y(\boldsymbol{r}) = 0 \\ \nabla^2 \boldsymbol{E}_z(\boldsymbol{r}) + k^2\boldsymbol{E}_z(\boldsymbol{r}) = 0 \end{cases} \tag{1.7}$$

磁场的各个分量为

$$\begin{cases} \nabla^2 \boldsymbol{H}_x(\boldsymbol{r}) + k^2\boldsymbol{H}_x(\boldsymbol{r}) = 0 \\ \nabla^2 \boldsymbol{H}_y(\boldsymbol{r}) + k^2\boldsymbol{H}_y(\boldsymbol{r}) = 0 \\ \nabla^2 \boldsymbol{H}_z(\boldsymbol{r}) + k^2\boldsymbol{H}_z(\boldsymbol{r}) = 0 \end{cases} \tag{1.8}$$

在上述无外源的理想介质中，由磁通连续性原理以及高斯定理可知电场与磁场的散度均为0，即 $\nabla\cdot\boldsymbol{E} = \dfrac{\partial E_x}{\partial x} + \dfrac{\partial E_y}{\partial y} + \dfrac{\partial E_z}{\partial z} = 0$ 以及 $\nabla\cdot\boldsymbol{H} = \dfrac{\partial H_x}{\partial x} + \dfrac{\partial H_y}{\partial y} + \dfrac{\partial H_z}{\partial z} = 0$。假设电磁 $\boldsymbol{E}$ 在空间中只与空间变量 z 有关，而与空间变量 x, y 无关，则有 $\dfrac{\partial E_z}{\partial z} = \dfrac{\partial H_z}{\partial z} = 0$，可得 $E_z = H_z = 0$，这说明电磁和磁场不存在 z 分量。

令电场强度方向为 x 方向，即 $\boldsymbol{E} = \boldsymbol{e}_x E_x$，由式(1.7)可得

$$\frac{\mathrm{d}^2 E_x}{\mathrm{d}z^2} + k^2 E_x = 0 \tag{1.9}$$

在实际应用中，令电磁波向 z 轴正方向传播，式(1.9)的解为

$$E_x = E_{x0}\mathrm{e}^{-\mathrm{j}kz} \tag{1.10}$$

式中，E_{x0} 为 $z = 0$ 处的电场强度有效值。结合时间变化项，式(1.10)为

$$E_x = E_{x0}\mathrm{e}^{\mathrm{j}(wt-kz)} \tag{1.11}$$

则电场的瞬时值为

$$E_x(z, t) = \sqrt{2}E_{x0}\sin(wt - kz) \tag{1.12}$$

式中，相位由时间相位 wt 和空间相位 kz 组成。空间相位相等的点组成的曲面称为波面，由此可知式(1.12)中的波面为平面，因此称为平面电磁波。

> **定义1.1 电磁波的周期**
>
> 时间相位 wt 变化 2π 所用的传播时间称为电磁波周期 T
>
> $$T = \frac{2\pi}{w} \tag{1.13}$$
>
> 电磁波周期 T 的倒数为电磁波的频率 f，其描述了相位随时间变化的特性。♣

> **定义1.2 电磁波的波长**
>
> 空间相位 kz 变化 2π 所用的传播距离称为电磁波的波长 λ
>
> $$\lambda = \frac{2\pi}{k} \tag{1.14}$$
>
> 波长描述了相位随空间变化的特性。♣

接下来分析电磁波总相位在空间方向的传播速度，时间相位与空间相位的关系。在传播空间中，根据相位不变点的轨迹变化，即令 $\phi(t,z) = wt - kz = $ 常数，其全微分方程为

$$\mathrm{d}\phi = \frac{\partial \phi}{\partial t}\mathrm{d}t + \frac{\partial \phi}{\partial z}\mathrm{d}z = w\mathrm{d}t - k\mathrm{d}z = 0 \tag{1.15}$$

> **定义1.3 平面波的相位速度**
>
> 相位速度定义为
>
> $$v_p = \frac{\mathrm{d}z}{\mathrm{d}t} = \frac{w}{k} = \frac{w}{w\sqrt{\varepsilon\mu}} = \frac{1}{\sqrt{\varepsilon\mu}} = \frac{1}{\sqrt{\varepsilon_0\mu_0}}\frac{1}{\sqrt{\varepsilon_r\mu_r}} \tag{1.16}$$
>
> 式中，$\varepsilon_0 \approx \dfrac{1}{36\pi}\times 10^{-9}\mathrm{F/m}$ 与 $\mu_0 = 4\pi\times 10^{-7}\mathrm{H/m}$ 为真空中的介电常数和磁导率，ε_r 和 μ_r 为介质的相对介电常数和磁导率。真空的光速定义为 $c = \dfrac{1}{\sqrt{\varepsilon_0\mu_0}}$，因此 $v_p = \dfrac{c}{\sqrt{\varepsilon_r\mu_r}}$。♣

根据式(1.13)，式(1.14)和式(1.16)，可得

$$v_p = \lambda f \tag{1.17}$$

电场强度的方向随时间变化的规律称为电磁波的极化特性。假设某一平面电磁波的电场为

$$\boldsymbol{E}(z,t) = \boldsymbol{e}_x E_{mx}\sin(wt - kz) + \boldsymbol{e}_y E_{my}\cos(wt - kz + \phi_0) \tag{1.18}$$

当 E_{mx} 与 E_{my} 其中一项为零时，该平面波的极化特性为线极化；当 $E_{mx} = E_{my}$，$\phi_0 = 0$ 时，为圆极化；当 $E_{mx} \neq E_{my}$，$\phi_0 \neq 0$ 时，为椭圆极化。♣

当平面波在两种不同介质的边界上传播，电磁波将发生折射和反射。如图1-1所示，假设入射波平行于 xOz 平面，根据电磁场的边界电场切向分量连续等条件可证明得到（斯耐尔定律）：

- 入射波、反射波及折射波位于同一平面；
- 入射角等于反射角；
- 折射角与入射角的关系为

$$\frac{\sin\theta_i}{\sin\theta_t} = \frac{k_2}{k_1} = \frac{\sqrt{\varepsilon_2\mu_2}}{\sqrt{\varepsilon_1\mu_1}} \tag{1.19}$$

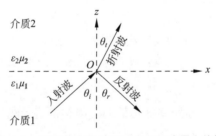

图 1-1　平面波在两种不同介质的边界上传播

当两种介质的磁导率大致相同，电场方向与入射平面平行以及入射角度满足以下条件时，将发生无发射、全折射现象

$$\theta_i = \arcsin\sqrt{\frac{\varepsilon_2}{\varepsilon_1 + \varepsilon_2}}, \quad \sqrt{\frac{\varepsilon_2}{\varepsilon_1}} > \sin\theta_i \tag{1.20}$$

当入射角度满足以下条件时，将发生全发射、无折射现象

$$\sin^2\theta_i = \frac{\varepsilon_2}{\varepsilon_1} \tag{1.21}$$

图1-2所示为雷达后向散射、前向散射与体散射示意。雷达发射的电磁信号按照上述规律在空中传播及与目标媒介作用。在实际的两种介质的临界面不可能是完全平

滑的，因此发生多次反射现象，产生一部分返回雷达发射的后向散射；对于树木、云雨等体目标，将产生体散射。因此，对于发射和接收天线在同一地点的雷达，接收机接收的是后向散射波；对于发射天线和接收天线不在同一地点的雷达网，接收机接收的是前向散射波。

图 1-2 雷达后向散射、前向散射与体散射示意图

1.3 雷达微带天线

如图1-3所示的微带天线主要由馈线、阻抗匹配传输线以及天线辐射单元组成，在印制电路板（Printed-Circuit Board，PCB）上由一层金属、一层介质和一层金属接地层加工制造而成，具有质量轻、体积小、剖面薄、制造成本低、易于大量生产、散射截面较小等优点，适用于短距离低功耗的通信和雷达天线设计。

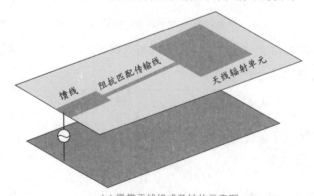

(a) 微带天线组成及结构示意图

图 1-3 微带天线以及 PCB 设计示意图

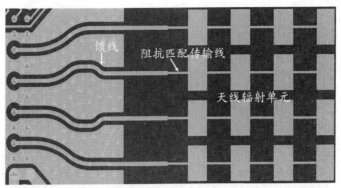

(b) PCB微带天线设计

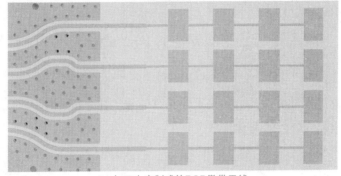

(c) 加工生产制成的PCB微带天线

图 1-3　（续）

　　微带天线的馈线和阻抗匹配传输线属于射频电路传输线理论方面内容，因此首先讲述传输线理论相关知识点。

1.3.1　微带传输线理论

　　微带上传输的是射频信号，因此不是集总参数电路（阻抗不变电路）。如图1-4所示的均匀平行双导线系统，射频信号沿 z 轴的负方向传播，其单位电阻、电感、电容

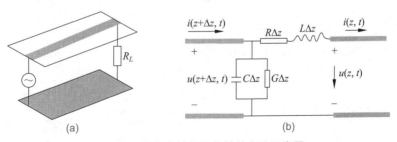

图 1-4　均匀传输线及其等效电路示意图

及漏电导分别为 R、L、C、G。取一微分线元 Δz，传输线元上的电阻，在这一微分线元上，可以看成集总参数电路。由两端的电压、电流微分方程，可以得到近似方程式

$$\begin{cases} u(z+\Delta z,t) - u(z,t) = \dfrac{\partial u(z,t)}{\partial z}\Delta z \\ i(z+\Delta z,t) - i(z,t) = \dfrac{\partial i(z,t)}{\partial z}\Delta z \end{cases} \tag{1.22}$$

根据基尔霍夫电压与电流定律可得

$$\begin{cases} u(z,t) + R\Delta z\, i(z,t) + L\Delta z\,\dfrac{\partial i(z,t)}{\partial t} - u(z+\Delta z,t) = 0 \\ i(z,t) + G\Delta z\, u(z+\Delta z,t) + C\Delta z\,\dfrac{\partial u(z+\Delta z,t)}{\partial t} - i(z+\Delta z,t) = 0 \end{cases} \tag{1.23}$$

把式(1.22)代入式(1.23)可得

$$\begin{cases} \dfrac{\partial u(z,t)}{\partial z} = R\,i(z,t) + L\dfrac{\partial i(z,t)}{\partial t} \\ \dfrac{\partial i(z,t)}{\partial z} = G\,u(z,t) + C\dfrac{\partial u(z,t)}{\partial t} \end{cases} \tag{1.24}$$

与平面电磁波推导方法类似，采用复正弦信号，则有 $u(z,t) = U(z)\mathrm{e}^{\mathrm{j}wt}$，$i(z,t) = I(z)\mathrm{e}^{\mathrm{j}wt}$，进一步，式(1.24)可化简成

$$\begin{cases} \dfrac{\partial U(z,t)}{\partial z} = (R+\mathrm{j}wL)I(z) \\ \dfrac{\partial I(z,t)}{\partial z} = (G+\mathrm{j}wC)U(z) \end{cases} \tag{1.25}$$

对式(1.25)两边微分，可得

$$\begin{cases} \dfrac{\partial^2 U(z,t)}{\partial z} - (R+\mathrm{j}wL)(G+\mathrm{j}wC)U(z) = 0 \\ \dfrac{\partial^2 I(z,t)}{\partial z} - (R+\mathrm{j}wL)(G+\mathrm{j}wC)I(z) = 0 \end{cases} \tag{1.26}$$

令 $\gamma = \sqrt{(R+\mathrm{j}wL)(G+\mathrm{j}wC)}$，电压通解为

$$U(z) = U_+(z) + U_-(z) = A_1\mathrm{e}^{+\gamma z} + A_2\mathrm{e}^{-\gamma z} \tag{1.27}$$

式中，系数 A_1、A_2 由边界条件确定。

把式(1.27)代入式(1.25)，电流的通解为

$$I(z) = I_+(z) + I_-(z) = \frac{1}{Z_0}A_1\mathrm{e}^{+\gamma z} - A_2\mathrm{e}^{-\gamma z} \tag{1.28}$$

式中，特性阻抗 $Z_0 = \dfrac{U_+(z)}{I_+(z)} = -\dfrac{U_-(z)}{I_-(z)} = \sqrt{(R+\mathrm{j}wL)/(G+\mathrm{j}wC)}$。

对于均匀无损耗的传输线，$R = G = 0$，此时 $\gamma = \mathrm{j}w\sqrt{LC}$。令 $\beta = w\sqrt{LC}$，假设

终端（$z = 0$）处的电压和电流分别为 U_1、I_1，可得系数

$$\begin{cases} A_1 = \dfrac{1}{2}(U_1 + I_1 Z_0) \\ A_2 = \dfrac{1}{2}(U_1 - I_1 Z_0) \end{cases} \tag{1.29}$$

进而可求得

$$\begin{cases} U(z) = U_1 \cos(\beta z) + \mathrm{j} I_1 Z_0 \sin(\beta z) \\ I(z) = I_1 \cos(\beta z) + \mathrm{j} \dfrac{U_1}{Z_0} \sin(\beta z) \end{cases} \tag{1.30}$$

传输线上的波长 λ 为 $\lambda = \dfrac{2\pi}{\beta}$。

定义1.5 传输线的输入阻抗

传输线上任一点 z 处的输入阻抗定义为

$$Z_{\mathrm{in}}(z) = \frac{U(z)}{I(z)} \tag{1.31}$$

把式(1.30)代入式(1.31)可得

$$Z_{\mathrm{in}}(z) = \frac{U_1 \cos(\beta z) + \mathrm{j} I_1 Z_0 \sin(\beta z)}{I_1 \cos(\beta z) + \mathrm{j} \dfrac{U_1}{Z_0} \sin(\beta z)} = Z_0 \frac{Z_L + \mathrm{j} Z_0 \tan(\beta z)}{Z_0 + \mathrm{j} Z_L \tan(\beta z)} \tag{1.32}$$

其中，$Z_L = \dfrac{U_1}{I_1}$ 为终端负载。 ♣

由以上分析可知，在传输线上存在正 z 方向和负 z 方向传播的两个电压。如果能设计终端负载和传输的特性阻抗相同，就不会出现反射波。雷达微带天线的阻抗通常与射频输出阻抗不同，因此在雷达天线设计过程中，需要设计一个阻抗匹配的 0.25 波长的传输线。具体设计如下：假设天线边缘阻抗为 Z_L，0.25 波长的传输线的特性阻抗为 Z_1，馈线的特性阻抗为 Z_0，由式(1.32)可得

$$Z_{\mathrm{in}} = Z_1 \frac{Z_L + \mathrm{j} Z_1 \tan\left(\beta \dfrac{\lambda}{4}\right)}{Z_1 + \mathrm{j} Z_L \tan\left(\beta \dfrac{\lambda}{4}\right)} = \frac{Z_1^2}{Z_L} \tag{1.33}$$

因此，只要使 $Z_0 = Z_{\mathrm{in}} = \dfrac{Z_1^2}{Z_L}$，即 $Z_1 = \sqrt{Z_0 Z_L}$，就可实现馈线和天线的匹配过渡（见图1-5）。

当然，馈线和雷达微带天线匹配的方法还有很多，如在微带天线上找到馈线相同

的阻抗点进行插入匹配等方法，读者可自行查阅文献等资料。

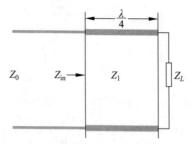

图 1-5　雷达微带天线传输线阻抗匹配常用方法之一

1.3.2　天线性能指标

天线的辐射场的振幅分布与方位角 θ 和俯仰角 ϕ 有关，具体为

$$E = E_m F(\theta, \phi) \tag{1.34}$$

式中，E_m 为天线辐射最强值，$F(\theta, \phi)$ 称为归一化雷达天线方向图。

图1-6给出了一个天线方向图的例子。方向图中辐射最强的方向称为主射方向（主瓣），辐射为零的方向称为零射方向。通常，距离辐射强度最强振幅的0.707倍处的两个方向之间夹角为3dB波束宽度，距离辐射强度最强振幅的两个零射方向之间的夹角为主瓣波束宽度。

> **定义1.6　天线的方向性系数**
>
> 以全向均匀辐射天线的场强为参考，在同一距离形成相同的辐射场强有向天线所需的辐射功率 P_{ru} 与有向天线的辐射功率 P_{rd} 比值
>
> $$D = \frac{P_{ru}}{P_{rd}} \tag{1.35}$$ ♣

在距离 r 处，辐射功率密度与距离平方 r^2 成反比，假设天线的波阻抗为 Z，由式(1.34)可求得有向天线的辐射功率为

$$P_{rd} = \oint_V \frac{E_m^2}{Zr^2} F^2(\theta, \phi)\, r^2 \sin\theta\, \mathrm{d}r\mathrm{d}\theta\mathrm{d}\phi = \oint_s \frac{E_m^2}{Z} F^2(\theta, \phi)\sin\theta\, \mathrm{d}\theta\mathrm{d}\phi \tag{1.36}$$

根据式(1.36)也可求得全向均匀辐射天线的辐射功率为

$$P_{ru} = \frac{E_m^2}{Z} 4\pi \tag{1.37}$$

进而天线的方向性系数为

$$D = \frac{4\pi}{\int_0^{2\pi} \int_0^{\pi} F^2(\theta, \phi)\sin\theta \,\mathrm{d}\theta\mathrm{d}\phi} \tag{1.38}$$

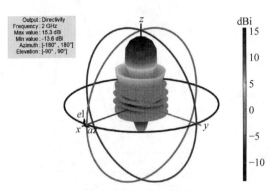

图 1-6　一个天线方向图例子

有向天线可聚焦辐射能量，相对于全向均匀辐射天线具有较高的增益。因此，在相同的场强下，无向天线的输入功率 P_{au} 要比有向天线的输入功率 P_{ad} 大，那么有向天线的增益可定义为

$$G = \frac{P_{au}}{P_{ad}} \tag{1.39}$$

在实际天线中，由于馈线、匹配阻抗部分存在一定的损耗，因此天线增益和方向性系数存在以下关系：

$$G = \eta D \tag{1.40}$$

式中，η 为输入功率转换成天线辐射能量的效率。

由1.3.1节传输线理论分析可知，射频信号传播有反射和向前两个方向，要提高天线效率，需使得射频信号的反射部分尽量少。在天线设计上采用回波损耗（Return Loss）描述，具体指射频输入信号反射回来的功率与输入信号功率的比值。在实际设计中，要使得馈线、匹配网络与天线输入阻抗匹配，进而天线降低回波损耗。

实际情况下，天线在不同频率工作条件下，回波损耗值也不同。通常以回波损耗低于 −10dB 范围的频带为天线的有效工作带宽。如图1-7所示，该天线的工作频率范围为 76.3～77.5GHz，有效带宽为800MHz。

另外，天线性能还有电压驻波比（Voltage Standing Wave Ratio，VSWR），以及天线极化特性等指标。

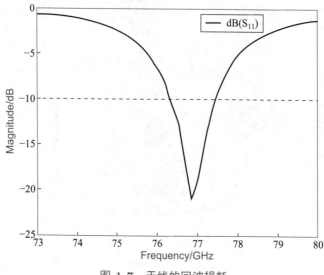

图 1-7　天线的回波损耗

1.4　接收机前端噪声

由天线发射电磁信号，与不同距离的目标作用产生后向散射信号返回雷达由接收天线感应产生回波信号，进入雷达接收机前端。相对于发射信号而言，雷达接收的回波相当微弱，因此需要对信号进行放大。在信号放大过程中，系统噪声也随之放大。哈拉尔德·特拉普·弗里斯（Harald Trap Friis，1893—1976）提出了著名的无线电 Friis 传输公式以及 Friis 噪声公式。

任何电子元器件在不同温度下都呈现出不同强度的电子热噪声，Friis 噪声公式给出了噪声在接收机前端级联中的计算方法。假设在信号输入系统前信号与噪声比（Signal-to-Noise Rtio，SNR）为 $\mathrm{SNR}_i = \dfrac{S_i}{N_i}$，信号经过某个放大倍数为 G 的系统后信号和噪声分别为 S_o 和 N_o，其信噪比为 SNR_o，那么这个系统的噪声因子 F 定义为

$$F = \frac{\mathrm{SNR}_i}{\mathrm{SNR}_o} = \frac{\dfrac{S_i}{N_i}}{\dfrac{S_o}{N_o}} = \frac{\dfrac{S_i}{N_i}}{\dfrac{S_i G}{N_i G + N_a}} = 1 + \frac{N_a}{N_i G} \tag{1.41}$$

式中，N_a 为该系统电子元器件自身产生的热噪声。

噪声系数就是对噪声因子取对数表示，即

$$\mathrm{NF} = 10\log_{10}(F) \tag{1.42}$$

图1-8所示是一个雷达接收机前端噪声传播示意图，图中第一级为射频放大器，第二级为混频器，第三级为低通滤波器。

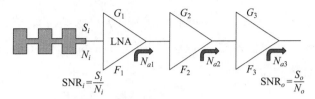

图 1-8 雷达接收机前端噪声传播示意图

雷达回波通过图1-8接收机前端级联输出后信号强度为

$$S_o = S_i G_1 G_2 G_3 \tag{1.43}$$

系统噪声输出强度为

$$
\begin{aligned}
N_o &= ((N_i G_1 + N_{a1})G_2 + N_{a2})G_3 + N_{a3} \\
&= N_i G_1 G_2 G_3 + N_{a1} G_2 G_3 + N_{a2} G_3 + N_{a3}
\end{aligned}
\tag{1.44}
$$

因此，系统的噪声因子为

$$
\begin{aligned}
F &= \frac{\text{SNR}_i}{\text{SNR}_o} = \frac{\dfrac{S_i}{N_i}}{\dfrac{S_i G_1 G_2 G_3}{N_i G_1 G_2 G_3 + N_{a1} G_2 G_3 + N_{a2} G_3 + N_{a3}}} \\
&= \frac{N_i G_1 G_2 G_3 + N_{a1} G_2 G_3 + N_{a2} G_3 + N_{a3}}{N_i G_1 G_2 G_3}
\end{aligned}
\tag{1.45}
$$

进一步，化简式(1.45)可得

$$F = \underbrace{1 + \frac{N_{a1}}{N_i G_1}}_{F_1} + \underbrace{\frac{N_{a2}}{N_i G_1 G_2}}_{\frac{F_2 - 1}{G_1}} + \underbrace{\frac{N_{a3}}{N_i G_1 G_2 G_3}}_{\frac{F_3 - 1}{G_1 G_2}} \tag{1.46}$$

如果把接收机前端看成两级级联结构，那么根据式(1.46)接收机的噪声因子可表达为

$$F_r = F_{\text{LNA}} + \frac{F_{\text{rest}} - 1}{G_{\text{LNA}}} \tag{1.47}$$

由式(1.47)可知，第一级放大器对雷达接收机前端的噪声起决定作用。因此，第一级的噪声因子要尽量小，放大倍数足够大，那么整个接收系统的噪声因子就由第一级的噪声因子决定，这也是第一级放大器称为低噪声放大器（Low Noise Amplifier，LNA）的原因。

以上推导过程描述了系统级联过程中噪声强度变化的计算。那么，噪声的强度是

如何计算的呢？对于电子热噪声的能量，可用功率谱密度描述为

$$N_0 = \kappa T_e \tag{1.48}$$

式中，κ 为玻尔兹曼常数（$\kappa = 1.38054 \times 10^{-23} \text{W}/(\text{Hz} \cdot \text{K})$），$T_e$ 为等效噪声温度，因此噪声功率谱密度的单位为瓦·秒，也就是能量的单位焦（Joule，J）。

噪声的功率计算为能量乘以带宽 B，即

$$P_N = \kappa T_e B \tag{1.49}$$

放大器的等效噪声温度是指功率匹配的源电阻设置到的温度，使得放大器噪声输出功率与信号源的输出噪声功率相同。当电路没有回波输入，只存在自身噪声信号时，噪声源相当于信号源经过一个放大倍数为 G 的系统，噪声因子可定义为

$$F = \frac{\text{SNR}_i}{\text{SNR}_o} = \frac{\dfrac{P_s}{P_s}}{\dfrac{P_s G}{P_s G + P_a G}} = \frac{P_s + P_a}{P_s} = \frac{\text{total output noise power}}{\text{noise power due to the source}} \tag{1.50}$$

式中，P_s 为噪声源的功率，P_a 为放大器输出的噪声功率。

把噪声计算公式代入式(1.50)可得

$$F = \frac{\kappa(T_s + T_e)B}{\kappa T_s B} = \frac{T_s + T_e}{T_s} = 1 + \frac{T_e}{T_s} \tag{1.51}$$

由式(1.51)可得放大器的等效温度为 $T_e = T_s(F - 1)$。

1.5 雷达方程

以上几节内容讲述了雷达天线发射电磁波，电磁波在空中传播与目标作用产生后向散射回波，进而由雷达接收机接收的过程。接下来，这一节进一步详细分析雷达发射能量与探测距离的关系。

假设雷达的发射功率为 P_t，通过馈线和天线雷达发射电磁波的功率为 $P_T = \eta P_t$。在以雷达为中心距离 R 处存在需探测的目标，其雷达横截面积为 σ。雷达发射电磁波传播到 R 处空间功率密度为

$$P_s = \frac{P_T}{S_{\text{beam}}} = \frac{P_T}{k_s R^2 \phi\theta} \tag{1.52}$$

式中，S_{beam} 为天线波束主瓣在距离 R 处的横截面（见图1-9）；k_s 为横截面积的因子，椭圆时为 $\dfrac{\pi}{4}$；ϕ 和 θ 分别为天线波束在俯仰与方位方向上主瓣的角度（单位为弧度）。

雷达发射天线的增益可近似为

$$G_T = \frac{4\pi}{k_s \phi \theta} \tag{1.53}$$

则 P_s 为

$$P_s = \frac{G_T P_T}{4\pi R^2} \tag{1.54}$$

式中，$G_T P_T = \eta G_T P_t$ 为雷达等效辐射功率（Effective Radiated Power 或 Equivalent Radiated Power，ERP）。

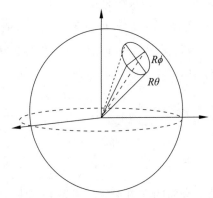

图 1-9 雷达天线在距离 R 处的天线主瓣横截面积

假设距离 R 处目标的雷达横截面积为 σ，则电磁波与目标作用可辐射出的功率为

$$P_{\text{target}} = \frac{\sigma G_T P_T}{4\pi R^2} \tag{1.55}$$

进一步可得目标后向散射电磁波返回到雷达的功率密度为

$$P_{\text{sr}} = \frac{P_{\text{target}}}{4\pi R^2} = \frac{\sigma G_T P_T}{(4\pi)^2 R^4} \tag{1.56}$$

假设雷达接收机天线的有效孔径面积为 A_e，则该天线接收的功率为

$$P_{\text{ant}} = \frac{A_e \sigma G_T P_T}{(4\pi)^2 R^4} \tag{1.57}$$

由天线的有效孔径面积为 A_e 可得接收天线的增益为

$$G_R = \frac{4\pi A_e}{\lambda^2} \tag{1.58}$$

式中，λ 为电磁波的波长。

则雷达天线接收回波功率为

$$P_r = \frac{\lambda^2 \sigma G_R G_T P_T}{(4\pi)^3 R^4} \tag{1.59}$$

由式(1.49)及 $T_e = T_0(F-1) \approx T_0 F$，雷达接收机前端的噪声 P_N 为

$$P_N = \kappa T_0 F B \tag{1.60}$$

注意此处的带宽 B 为接收机滤波器带宽。

则回波的信噪比 SNR 为

$$SNR = \frac{\lambda^2 \sigma G_R G_T P_T}{(4\pi)^3 R^4 \kappa T_0 F B L} \tag{1.61}$$

式(1.61)为通用的雷达距离方程，L 为系统总损耗。对于某些雷达，由于天线或探测目标的差异，雷达方程可与距离 R^3 成反比，如气象雷达、合成孔径雷达等。

另外，对于脉冲雷达，也可采用信号能量的方法推导雷达方程。假设雷达发射的脉冲时间宽度为 τ，由式(1.48)得噪声的能量，则

$$SNR = \frac{\lambda^2 \sigma G_R G_T P_T \tau}{(4\pi)^3 R^4 \kappa T_0 F L} \tag{1.62}$$

习题

1. 平面电磁波的相速与介质的介电常数、磁导率有什么关系？

2. 如图1-10所示，已知电阻 Z_1，计算负载 Z_L 为多大时，负载的输出功率最大？

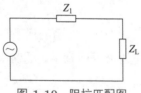

图 1-10 阻抗匹配图

3. 已知某一天线的方向图函数为

$$f(\theta,\phi) = \cos^2(\theta)\cos^3(3\theta), \quad (0 \leqslant \theta \leqslant 90°, 0° \leqslant \phi \leqslant 360°)$$

计算天线的半功率波束宽度（主瓣3dB波束宽度）。

4. 雷达发射电磁波的后向散射是怎么产生的？

5. 雷达接收系统的噪声因子为什么总大于1？

6. 表1-1为某一脉冲雷达的系统参数，按照雷达方程，计算雷达接收回波的信噪比。

表 1-1　某脉冲雷达系统参数

符　　号	值
发射功率 P_t	60dBw
发射天线增益 G_T	38dB
接收天线增益 G_R	38dB
雷达工作波长 $\lambda = c/f_c$	0.0375m
目标雷达截面积 σ	$3.98\text{m}^2(6\text{dBsm})$
目标的径向距离 R	60km
接收机噪声能量 κT_0	$4\times10^{-21}\text{J}$
脉冲宽度 τ	$0.4\mu\text{s}$
接收机噪声系数 F	6.31
系统损耗 L	7dB

第 2 章

雷达信号处理基础

2.1 信号表示与变换

2.1.1 傅里叶级数

信号可以分成周期信号和非周期信号。周期信号是指信号的幅度按照一定的时间或空间间隔重复变化。这些信号能否用统一的一些函数表示?正弦和与余弦函数就是通往表达周期信号的底层核函数。为了统一表示正弦和余弦函数,通常采用复正弦信号作为周期信号表示核函数。假设基次谐波频率为 $\Omega_0 \left(\text{周期为} T = \dfrac{2\pi}{\Omega_0}\right)$, n 次谐波复正弦信号为 $\kappa(nx) = \mathrm{e}^{\mathrm{j}n\Omega_0 x} = \cos(n\Omega_0 x) + \mathrm{j}\sin(n\Omega_0 x)$, 则不同频率的复正弦信号存在这样的正交特性:

$$\frac{1}{T}\int_{-T/2}^{T/2} \kappa(nx)\kappa^*(mx)\mathrm{d}x = \begin{cases} 1, & n = m \\ 0, & n \neq m \end{cases} \tag{2.1}$$

复正弦信号因其正交特性可被用来表示任何一个功率有限的周期信号。周期为 T

的信号 $f(x)$ 可表示为

$$f(x) = \sum_{k=-\infty}^{\infty} F(k\Omega_0)e^{jk\Omega_0 x} \tag{2.2}$$

式中，$F(k\Omega_0)$ 为 k 次谐波的系数，当 $k=0$ 时，该系数为信号的直流分量。式(2.2)两边分别乘以 $e^{-jl\Omega_0 x}$，进而求 $-T/2$ 到 $T/2$ 的积分为

$$\int_{-T/2}^{T/2} f(x)e^{-jl\Omega_0 x}dx = \int_{-T/2}^{T/2} e^{-jl\Omega_0 x} \sum_{k=-\infty}^{\infty} F(k\Omega_0)e^{jk\Omega_0 x}dx$$

$$= \sum_{k=-\infty}^{\infty} F(k\Omega_0) \int_{-T/2}^{T/2} e^{-jl\Omega_0 x}e^{jk\Omega_0 x}dx \tag{2.3}$$

利用式 (2.1) 的正交特性，可得

$$F(k\Omega_0) = \frac{1}{T}\int_{-T/2}^{T/2} f(x)e^{-jk\Omega_0 x}dx \tag{2.4}$$

■ 例题 2.1　图2-1是一个矩形周期信号，脉宽为 τ，周期为 T，求该信号的傅里叶级数表达式。

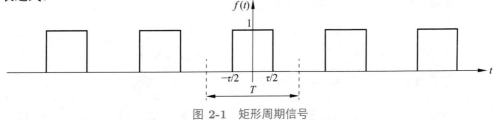

图 2-1　矩形周期信号

解

$$F(k\Omega_0) = \frac{1}{T}\int_{-T/2}^{T/2} f(x)e^{-jk\Omega_0 x}dx = \frac{1}{T}\frac{e^{-jk\Omega_0 x}}{-jk\Omega_0}\bigg|_{-\tau/2}^{\tau/2} = \frac{\sin\dfrac{k\pi\tau}{T}}{k\pi} \tag{2.5}$$

2.1.2　傅里叶变换

由以上分析可知，功率有限的周期信号可以分解成不同谐波叠加，$F(k\Omega_0)$ 是信号的 k 次谐波分量的振幅。那么，对于非周期信号是否存在以复正弦函数为核函数的表示方法呢？式 (2.4) 两边乘以周期，并令 $\mathscr{F}(\Omega) = F(k\Omega_0)T = \underbrace{\lim}_{\Omega_0\to 0} \dfrac{2\pi F(k\Omega_0)}{\Omega_0}$，则随着 $\Omega_0 \to 0$，周期 $T \to \infty$，同时离散频率 $k\Omega_0 \to \Omega$ 变为连续的频率。因此，非周期信号 $f(x)$ 的傅里叶变换定义为

$$\mathscr{F}(\Omega) = \int_{-\infty}^{\infty} f(x)e^{-j\Omega x}dx \tag{2.6}$$

为了方便表达，信号的傅里叶变换 $\mathscr{F}(\Omega)$ 标记为 $\mathscr{F}[f(x)]$。

同理，对于傅里叶级数，每个谐波频率之间的间隔 $\Delta(k\Omega_0) = \Omega_0$，改变求和变量

$$f(x) = \sum_{k=-\infty}^{\infty} F(k\Omega_0)\mathrm{e}^{\mathrm{j}k\Omega_0 x} = \sum_{k\Omega_0=-\infty}^{\infty} \frac{F(k\Omega_0)}{\Omega_0}\mathrm{e}^{\mathrm{j}k\Omega_0 x}\Delta(k\Omega_0) \tag{2.7}$$

随着极限 $\Omega_0 \to 0$，有 $k\Omega_0 \to \Omega$，$\Delta(k\Omega_0) \to \mathrm{d}\Omega$，$\dfrac{F(k\Omega_0)}{\Omega_0} \to \dfrac{\mathscr{F}(\Omega)}{2\pi}$，$\displaystyle\sum_{k\Omega_0=-\infty}^{\infty} \to$ $\displaystyle\int_{-\infty}^{\infty}$，信号的傅里叶逆变换为

$$f(x) = \frac{1}{2\pi}\int_{-\infty}^{\infty} \mathscr{F}(\Omega)\mathrm{e}^{\mathrm{j}\Omega x}\mathrm{d}\Omega \tag{2.8}$$

性质   令两个实数信号 $f_1(x)$ 与 $f_2(x)$ 的傅里叶变换分别为 $\mathscr{F}_1(\Omega)$ 与 $\mathscr{F}_2(\Omega)$，傅里叶变换具有如下性质。

1. 时频对称性：$\mathscr{F}[F_1(x)] = 2\pi f_1(-\Omega)$。

2. 线性叠加性：$\mathscr{F}[a_1f_1(x) + a_2f_1(x)] = a_1\mathscr{F}_1(\Omega) + a_2\mathscr{F}_1(\Omega)$，$a_1, a_2$ 为参数。

3. 时间压缩频率扩展：$\mathscr{F}[f(ax)] = \dfrac{1}{|a|}\mathscr{F}\left(\dfrac{\Omega}{a}\right)$。

4. 信号延时的时移特性：$\mathscr{F}[f(x - x_0)] = \mathscr{F}(\Omega)\mathrm{e}^{-\mathrm{j}\Omega x_0}$。

5. 信号载波的频移特性：$\mathscr{F}[f(x)\mathrm{e}^{-\mathrm{j}\Omega_1 x}] = \mathscr{F}(\Omega + \Omega_1)$。

6. 信号的微分：$\mathscr{F}\left[\dfrac{\mathrm{d}^n f(x)}{\mathrm{d}x^n}\right] = (\mathrm{j}\Omega)^n\mathscr{F}(\Omega)$。

7. 两个信号 $f_1(x)$ 与 $f_2(x)$ 相乘，其傅里叶变换为 $\mathscr{F}[f_1(x)f_2(x)] = \dfrac{1}{2\pi}\mathscr{F}_1(\Omega)\circledast\mathscr{F}_2(\Omega)$，符号 $\circledast$ 表示卷积运算。

8. 两个信号 $f_1(x)$ 与 $f_2(x)$ 的卷积运算 $\circledast$ 及其傅里叶变换：

$$f(x) = f_1(x) \circledast f_2(x) = \int_{-\infty}^{\infty} f_1(\tau)f_2(x - \tau)\mathrm{d}\tau \tag{2.9}$$

则有 $\mathscr{F}[f_1(x) \circledast f_2(x)] = \mathscr{F}_1(\Omega)\mathscr{F}_2(\Omega)$。

证明

$$\begin{aligned}
\mathscr{F}[f_1(x) \circledast f_2(x)] &= \int_{-\infty}^{\infty}\left[\int_{-\infty}^{\infty} f_1(\tau)f_2(x - \tau)\mathrm{d}\tau\right]\mathrm{e}^{-\mathrm{j}\Omega x}\mathrm{d}x \\
&= \int_{-\infty}^{\infty} f_1(\tau)\left[\int_{-\infty}^{\infty} f_2(x - \tau)\mathrm{e}^{-\mathrm{j}\Omega x}\mathrm{d}x\right]\mathrm{d}\tau \\
&= \int_{-\infty}^{\infty} f_1(\tau)\mathrm{e}^{-\mathrm{j}\Omega\tau}\mathscr{F}_2(\Omega)\mathrm{d}\tau \\
&= \mathscr{F}_1(\Omega)\mathscr{F}_2(\Omega)
\end{aligned}$$

信号的滤波运算就是信号与滤波器的卷积运算,因此可在频域对信号进行相乘再进行傅里叶逆变换得到信号的滤波结果。

9. 两个信号 $f_1(x)$ 与 $f_2(x)$ 的相关运算 $\odot$ 及其傅里叶变换:

$$f(\tau) = f_1(x) \odot f_2(x) = \int_{-\infty}^{\infty} f_1(x)f_2(x+\tau)\mathrm{d}x \tag{2.10}$$

则有 $\mathscr{F}[f(\tau)] = \mathscr{F}_1(\Omega)\mathscr{F}_2^*(\Omega)$。

证明

$$\begin{aligned}
\mathscr{F}[f_1(x) \odot f_2(x)] &= \int_{-\infty}^{\infty}\left[\int_{-\infty}^{\infty} f_1(x)f_2(x+\tau)\mathrm{d}x\right]\mathrm{e}^{-\mathrm{j}\Omega\tau}\mathrm{d}\tau \\
&= \int_{-\infty}^{\infty} f_1(x)\left[\int_{-\infty}^{\infty} f_2(x+\tau)\mathrm{e}^{-\mathrm{j}\Omega\tau}\mathrm{d}\tau\right]\mathrm{d}x \\
&= \mathscr{F}_2(\Omega)\int_{-\infty}^{\infty} f_1(x)\mathrm{e}^{\mathrm{j}\Omega x}\mathrm{d}x \\
&= \mathscr{F}_1^*(\Omega)\mathscr{F}_2(\Omega)
\end{aligned}$$

如果是两个信号的自相关运算,那么存在 $\mathscr{F}[f_1(x) \odot f_1(x)] = |\mathscr{F}_1(\Omega)|^2$,这表明信号自相关运算与信号的功率谱为一傅里叶变换对。

■ 例题2.2 图2-2是一个矩形信号,脉宽为 τ,求该信号的傅里叶变换。

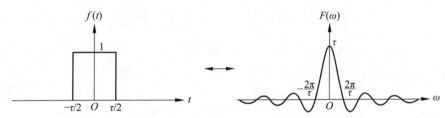

图 2-2 矩形信号及其傅里叶变换

解

$$\mathscr{F}(\Omega) = \int_{-\tau/2}^{\tau/2}\mathrm{e}^{-\mathrm{j}\Omega x}\mathrm{d}x = \frac{\mathrm{e}^{-\mathrm{j}\Omega x}}{-\mathrm{j}\Omega}\bigg|_{-\tau/2}^{\tau/2} = \frac{\sin\dfrac{\Omega\tau}{2}}{\dfrac{\Omega}{2}} = \tau\frac{\sin\dfrac{\Omega\tau}{2}}{\dfrac{\Omega\tau}{2}} = \tau\operatorname{sinc}(\frac{\Omega\tau}{2}) \tag{2.11}$$

式中,$\operatorname{sinc}(x) = \dfrac{\sin(x)}{x}$。

在信号处理中,通常定义单位冲激函数 $\delta(t)$

$$\delta(t) = \begin{cases} 1, & t = 0 \\ 0, & t \neq 0 \end{cases} \tag{2.12}$$

冲激函数 $\delta(t)$ 傅里叶变换对为

$$\begin{cases} f(t) = \delta(t) \\ \mathscr{F}(\Omega) = \displaystyle\int_{-\infty}^{\infty} \delta(t)\mathrm{e}^{-\mathrm{j}\Omega t}\mathrm{d}t = 1 \end{cases} \tag{2.13}$$

另外，冲激函数 $\delta(t)$ 的傅里叶变换也可以对矩形信号的脉冲宽趋向无穷大求极限，再利用傅里叶变换的时频对称性求得。

$$\begin{cases} f(t) = 1, \tau \to \infty \\ \mathscr{F}(\Omega) = \underbrace{\lim_{\tau \to \infty}} \tau \, \mathrm{sinc}\left(\dfrac{\Omega\tau}{2}\right) = 2\pi\delta(\Omega) \end{cases} \tag{2.14}$$

进而根据傅里叶变换的频域性质，可求得复正弦信号 $\mathrm{e}^{\mathrm{j}\Omega_0 t}$ 的傅里叶变换为

$$\begin{cases} f(t) = 1 * \mathrm{e}^{\mathrm{j}\Omega_0 t} \\ \mathscr{F}(\Omega) = 2\pi\delta(\Omega - \Omega_0) \end{cases} \tag{2.15}$$

进一步可以扩展对周期信号进行傅里叶变换，根据周期信号的傅里叶级数表达式，则有

$$\begin{cases} f(t) = \displaystyle\sum_{k=-\infty}^{\infty} F(k\Omega_0)\mathrm{e}^{\mathrm{j}k\Omega_0 t} \\ \mathscr{F}(\Omega) = 2\pi \displaystyle\sum_{k=-\infty}^{\infty} F(k\Omega_0)\delta(\Omega - k\Omega_0) \end{cases} \tag{2.16}$$

■■ 例题 2.3　图2-3是由单位冲激周期信号构成的采样信号，可实现对模拟的连续信号进行时域离散采样，求该信号的傅里叶变换。

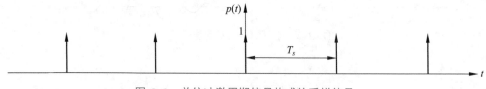

图 2-3　单位冲激周期信号构成的采样信号

解

采样信号可表示为

$$p(t) = \sum_{k=-\infty}^{\infty} \delta(t - kT_s) \tag{2.17}$$

其傅里叶级数系数为

$$F(k\Omega_s) = \frac{1}{T_s}\int_{-T_s/2}^{T_s/2} p(t)\mathrm{e}^{-\mathrm{j}k\Omega_s t}\mathrm{d}t = \frac{1}{T_s} \tag{2.18}$$

由式 (2.16) 可得，采样信号的频谱为

$$P(\Omega) = 2\pi \sum_{k=-\infty}^{\infty} F(k\Omega_s)\delta(\Omega - k\Omega_s) = \Omega_s \sum_{k=-\infty}^{\infty} \delta(\Omega - k\Omega_s) \tag{2.19}$$

2.1.3　信号的采样

电子系统是如何对模拟连续信号进行采样的？首先需要对模拟信号按照固定的周期进行采样得到时间离散的序列信号。图2-4为连续信号经过采样信号采样成离散信号的模型，由图可知信号经过采样的频谱以 Ω_s 为周期延拓。那么，采样的频率多大时，信号的频谱能完整保持而不丢失呢？这个问题就是奈奎斯特-香农采样定理研究的内容。

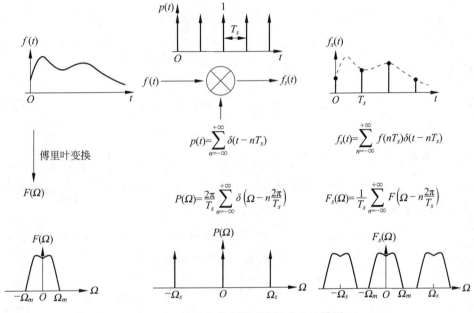

图 2-4　连续信号采样成离散信号的模型

定理2.1　奈奎斯特-香农采样定理

如图2-5所示，一个频谱有限的信号 $f(t)$，如果频带只在 $[-\Omega_m \ \Omega_m]$ 范围有能量，则信号 $f(t)$ 可以用等间隔的采样值唯一地表示，而采样频率必须满足 $\Omega_s \geqslant 2\Omega_m$。

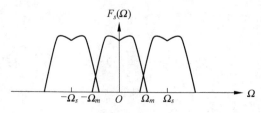

图 2-5　信号频谱混叠 $(\Omega_s < 2\Omega_m)$

✎ 笔记　由奈奎斯特-香农采样定理可知，当雷达发射信号重复频率低于目标的多普勒频谱最高频率的2倍时，雷达将产生速度模糊。

2.1.4　时间序列傅里叶变换

假设某一正弦信号 $g(t)$ 的角频率为 Ω，频率为 f，则信号表达式可写为

$$g(t) = \sin(\Omega t) = \sin(2\pi f t) \tag{2.20}$$

该信号 $g(t)$ 经过时间间隔 $T_s\left(\text{采样频率为} f_s = \dfrac{1}{T_s}\right)$ 采样信号采样得到离散时间序列 $g(nT_s)$，简写成 $g(n)$，其表达式为

$$g(nT_s) = \sin(\underbrace{\Omega T_s}_{\omega} n) = \sin\left(2\pi \underbrace{\frac{f}{f_s}}_{f'} n\right) \tag{2.21}$$

式中，信号的数字角频率定义为 $\omega = \Omega T_s$，数字频率为 $f' = \dfrac{f}{f_s}$。根据采样定理可知，使采样后的频谱不混叠的采样频率必须大于信号最高频率的2倍，因此 $\omega \in [0\,2\pi]$，$f' \in [0\,1]$。

如果存在一个最小的正整数 N，使得序列满足 $f(n) = f(n+N)$，那么该序列为周期序列，其周期为 N。对于正弦周期序列，其周期计算为

$$\begin{cases} \sin(\omega n) = \sin(\omega n + \omega N) \\ \downarrow \\ \omega N = 2\pi \\ \downarrow \\ N = \dfrac{2\pi k}{\omega} \end{cases} \tag{2.22}$$

式中，k 取使 N 最小的整数。

现在讨论序列信号 $x(n)$ 的傅里叶变换，首先把其连续时间信号 $x(t)$ 的傅里叶变

换对重写为

$$\begin{cases} \mathscr{X}(\varOmega) = \displaystyle\int_{-\infty}^{\infty} x(t)\mathrm{e}^{-\mathrm{j}\varOmega t}\mathrm{d}t \\[2mm] x(t) = \dfrac{1}{2\pi}\displaystyle\int_{-\infty}^{\infty} \mathscr{X}(\varOmega)\mathrm{e}^{\mathrm{j}\varOmega t}\mathrm{d}\varOmega \end{cases} \tag{2.23}$$

把序列信号代入连续时间信号的正傅里叶变换公式，为

$$\begin{cases} X(\varOmega) = \displaystyle\int_{-\infty}^{\infty} x(nT_s)\mathrm{e}^{-\mathrm{j}\varOmega T_s n}\mathrm{d}(nT_s) \\[2mm] \downarrow \\[2mm] X(\omega) = \displaystyle\sum_{n=-\infty}^{\infty} x(n)\mathrm{e}^{-\mathrm{j}\omega n} \end{cases} \tag{2.24}$$

根据式 (2.21) 所讨论的结果，数字角频率范围为 $\omega \in [0\,2\pi]$，因此序列信号的傅里叶逆变换就不能套用连续时间信号的逆傅里叶变换公式。序列信号两边各乘以 $\mathrm{e}^{\mathrm{j}\omega m}$，再对两边从 $[-\pi,\pi]$ 区间进行积分，即

$$\begin{cases} \displaystyle\int_{-\pi}^{\pi} X(\omega)\mathrm{e}^{\mathrm{j}\omega m}\mathrm{d}\varOmega = \int_{-\pi}^{\pi}\sum_{n=-\infty}^{\infty} x(n)\mathrm{e}^{-\mathrm{j}\omega n}\mathrm{e}^{\mathrm{j}\omega m}\mathrm{d}\omega \\[3mm] = \displaystyle\sum_{n=-\infty}^{\infty} x(n)\int_{-\pi}^{\pi}\mathrm{e}^{\mathrm{j}\omega(m-n)}\mathrm{d}\omega = 2\pi x(n) \\[3mm] \downarrow \\[3mm] x(n) = \dfrac{1}{2\pi}\displaystyle\int_{-\pi}^{\pi} X(\omega)\mathrm{e}^{\mathrm{j}\omega m}\mathrm{d}\omega \end{cases} \tag{2.25}$$

因此，时域离散信号（序列）的傅里叶变换对为

$$\begin{cases} X(\omega) = \displaystyle\sum_{n=-\infty}^{\infty} x(n)\mathrm{e}^{-\mathrm{j}\omega n} \\[2mm] x(n) = \dfrac{1}{2\pi}\displaystyle\int_{-\pi}^{\pi} X(\omega)\mathrm{e}^{\mathrm{j}\omega m}\mathrm{d}\omega \end{cases} \tag{2.26}$$

那么，时域离散信号的傅里叶变换跟连续时间信号的傅里叶变换有什么关系？将 $t = nT$ 代入连续时间傅里叶变换中，则有

$$x(nT_s) = \dfrac{1}{2\pi}\int_{-\infty}^{\infty} \mathscr{X}(\varOmega)\mathrm{e}^{\mathrm{j}\varOmega T_s n}\mathrm{d}\varOmega \tag{2.27}$$

把频率积分范围按照 $\dfrac{2\pi}{T_s}$ 的间隔划分，可得

$$x(nT_s) = \dfrac{1}{2\pi}\sum_{k=-\infty}^{\infty}\int_{(2k-1)\frac{2\pi}{T_s}}^{(2k+1)\frac{2\pi}{T_s}} \mathscr{X}(\varOmega)\mathrm{e}^{\mathrm{j}\varOmega T_s n}\mathrm{d}\varOmega \tag{2.28}$$

令 $\Omega^* = \Omega + k\dfrac{2\pi}{T_s}$，通过积分变量变换的方法，式(2.28)为

$$
\begin{cases}
x(nT_s) = \dfrac{1}{2\pi}\displaystyle\sum_{k=-\infty}^{\infty}\int_{-\pi/T_s}^{\pi/T_s}\mathscr{X}\left(\Omega^* - k\dfrac{2\pi}{T_s}\right)\mathrm{e}^{\mathrm{j}\left(\Omega^* - k\frac{2\pi}{T_s}\right)T_s n}\,\mathrm{d}\Omega^*\\[4pt]
\downarrow\\
x(nT_s) = \dfrac{1}{2\pi}\displaystyle\sum_{k=-\infty}^{\infty}\int_{-\pi/T_s}^{\pi/T_s}\mathscr{X}\left(\Omega^* - k\dfrac{2\pi}{T_s}\right)\mathrm{e}^{\mathrm{j}\Omega^* T_s n}\mathrm{e}^{-\mathrm{j}2\pi kn}\,\mathrm{d}\Omega^*\\[4pt]
\downarrow\,(\mathrm{e}^{-\mathrm{j}2\pi kn}=1)\\
x(nT_s) = \dfrac{1}{2\pi}\displaystyle\sum_{k=-\infty}^{\infty}\int_{-\pi/T_s}^{\pi/T_s}\mathscr{X}\left(\Omega - k\dfrac{2\pi}{T_s}\right)\mathrm{e}^{\mathrm{j}\Omega T_s n}\,\mathrm{d}\Omega\\[4pt]
\downarrow\\
x(nT_s) = \dfrac{1}{2\pi}\displaystyle\int_{-\pi/T_s}^{\pi/T_s}\sum_{k=-\infty}^{\infty}\mathscr{X}\left(\Omega - k\dfrac{2\pi}{T_s}\right)\mathrm{e}^{\mathrm{j}\Omega T_s n}\,\mathrm{d}\Omega
\end{cases}
\tag{2.29}
$$

由式(2.29)可知，时域离散信号的数字角频率 ω 与时间连续信号的模拟角频率 Ω 存在关系 $\omega = \Omega T_s$，进一步，通过积分变量变换的方法，式(2.29)化简为

$$
x(nT_s) = \dfrac{1}{2\pi}\int_{-\pi}^{\pi}\dfrac{1}{T_s}\sum_{k=-\infty}^{\infty}\mathscr{X}\left(\dfrac{\omega}{T_s} - k\dfrac{2\pi}{T_s}\right)\mathrm{e}^{\mathrm{j}\omega n}\,\mathrm{d}\omega
\tag{2.30}
$$

对比式(2.26)，可得时域离散信号的频谱与模拟连续信号的频谱存在如下关系：

$$
X(\omega) = \dfrac{1}{T_s}\sum_{k=-\infty}^{\infty}\mathscr{X}\left(\dfrac{\omega}{T_s} - k\dfrac{2\pi}{T_s}\right)
\tag{2.31}
$$

结合图2-4，式(2.31)表明时域离散信号的频谱等效于模拟信号频谱按采样频率为周期进行周期延拓的结果。

✏ 笔记 离散时间信号的傅里叶变换也可由Z变换推导得到。时间序列 $f(n)$ 的Z变换对定义为

$$
\begin{cases}
X(z) = \displaystyle\sum_{n=-\infty}^{\infty}f(n)z^{-n}\\[4pt]
f(n) = \dfrac{1}{2\pi\mathrm{j}}\displaystyle\oint_{c}X(z)z^{n-1}\,\mathrm{d}z
\end{cases}
\tag{2.32}
$$

令 $z = \mathrm{e}^{\mathrm{j}\omega}$，该序列的离散时间傅里叶变换对为

$$
\begin{cases}
F(\omega) = \displaystyle\sum_{n=-\infty}^{\infty}f(n)\mathrm{e}^{-\mathrm{j}\omega n}\\[4pt]
f(n) = \dfrac{1}{2\pi}\displaystyle\int_{-\pi}^{\pi}F(\omega)\mathrm{e}^{\mathrm{j}\omega n}\,\mathrm{d}\omega
\end{cases}
\tag{2.33}
$$

感兴趣的读者可查询Z变换相关资料。

📖 **例题2.4**　图2-6左侧是某一矩形序列信号波形，求其傅里叶变换。

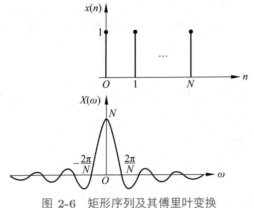

图 2-6　矩形序列及其傅里叶变换

解

$$\begin{cases} X(\omega) = \sum_{n=-\infty}^{\infty} x(n)\mathrm{e}^{-\mathrm{j}\omega n} = \sum_{n=0}^{N-1} x(n)\mathrm{e}^{-\mathrm{j}\omega n} \\ = \dfrac{1-\mathrm{e}^{\mathrm{j}wN}}{1-\mathrm{e}^{\mathrm{j}w}} = \mathrm{e}^{\mathrm{j}w(N-1)/2}\dfrac{\sin(\omega N/2)}{\sin(\omega/2)} \end{cases}$$

2.1.5　周期序列的傅里叶级数

周期序列 $x(n)$ 可用傅里叶级数表示，假设其周期为 N，则信号可写成

$$x(n) = \sum_{k=-\infty}^{\infty} X_s(k)\mathrm{e}^{\mathrm{j}\frac{2\pi}{N}kn} \tag{2.34}$$

式(2.34)两边乘以 $\mathrm{e}^{\mathrm{j}\frac{2\pi}{N}mn}$，对 n 在一个周期 N 内求和可得

$$X_s(k) = \frac{1}{N}\sum_{n=0}^{N-1} x(n)\mathrm{e}^{-\mathrm{j}\frac{2\pi}{N}kn} \tag{2.35}$$

由式(2.34)和式(2.35)可知，周期序列的傅里叶级数也是周期为 N 的序列。

2.1.6　离散傅里叶变换

假设时域离散信号的长度为 N，根据式(2.26)时域离散信号的傅里叶变换，信号分析频谱为连续。在数字计算机上数值计算需对频率离散化。具体在整个分析频域范围内进行等间隔采样 M 个点，那么频率间隔为 $f = f_s/M$，则第 k 个角频率为

$2\pi kf = 2\pi kf_s/M$，代入式 (2.26) 可得

$$
\begin{cases}
X(\varOmega) = \displaystyle\int_{-\infty}^{\infty} x(t)\mathrm{e}^{-\mathrm{j}\varOmega t}\mathrm{d}t \\[2mm]
\downarrow \text{sampling(continuous time signal} \rightarrow \text{a discrete time signal)} \\[2mm]
X(\varOmega) = \displaystyle\sum_{n=0}^{N-1} x(nT_s)\mathrm{e}^{-\mathrm{j}\varOmega T_s n} \\[2mm]
\downarrow \text{Spectrum discretized by equal intervals } \dfrac{f_s}{M}, f = k\dfrac{f_s}{M} \\[2mm]
X\left(k\dfrac{f_s}{M}\right) = \displaystyle\sum_{n=0}^{N-1} x(nT_s)\mathrm{e}^{-\mathrm{j}2\pi kf_s/MT_s n} \\[2mm]
\downarrow \\[2mm]
X(k) = \displaystyle\sum_{n=0}^{N-1} x(n)\mathrm{e}^{-\mathrm{j}\frac{2\pi}{M}kn}
\end{cases}
\tag{2.36}
$$

由式 (2.36) 可知 $X(k)$ 的周期为 M。

式 (2.36) 两边分别乘以 $\mathrm{e}^{\mathrm{j}\frac{2\pi}{M}mn}$，对 k 在一个周期 M 内求和可得

$$
x(n) = \frac{1}{M}\sum_{k=0}^{M-1} X(k)\mathrm{e}^{\mathrm{j}\frac{2\pi}{M}kn}
\tag{2.37}
$$

如果频率分析点数与时域的采样点数相同，即 $M = N$，则离散傅里叶正变换和逆变换为

$$
\begin{cases}
X(k) = \displaystyle\sum_{n=0}^{N-1} x(n)\mathrm{e}^{-\mathrm{j}\frac{2\pi}{N}kn} \\[4mm]
x(n) = \dfrac{1}{N}\displaystyle\sum_{k=0}^{N-1} X(k)\mathrm{e}^{\mathrm{j}\frac{2\pi}{N}kn}
\end{cases}
\tag{2.38}
$$

通常，为了获得更高的频谱分析分辨率，如果频率分析点数可大于时域的采样点数，即 $M > N$，则有

$$
X(k) = \sum_{n=0}^{N-1} x(n)\mathrm{e}^{-\mathrm{j}\frac{2\pi}{M}kn} = \sum_{n=0}^{M-1} x(n)\mathrm{e}^{-\mathrm{j}\frac{2\pi}{M}kn}, \quad [x(n) = 0, n > N-1]
\tag{2.39}
$$

可见，当频率分析点数大于时域的采样点数时，相当于对序列后面补零扩展成 M 个点数。

在具体信号处理应用中，比如数字信号处理器（Digital Signal Processor，DSP）上或者现场可编程门阵列（Field-Programmable Gate Array，FPGA）等实现上，离散傅里叶变换有时域抽取以及频率抽取快速傅里叶变换（FFT）实现方法，可把原来

的复数乘运算从 N^2 降低至 $N/2\log_2 N$ 次的运算，具体可查阅文献 [1] 扩展阅读。

上述离散傅里叶变换可表达成矩阵运算形式。具体地，对信号进行 M 点（$M \geqslant N$）的逆傅里叶变换的矩阵形式为

$$\boldsymbol{x} = \boldsymbol{A}\boldsymbol{X} \tag{2.40}$$

逆傅里叶变换 $\boldsymbol{A}$ 矩阵可表达为

$$\boldsymbol{A} = \frac{1}{M} \begin{bmatrix} 1 & 1 & \cdots & 1 \\ 1 & \mathrm{e}^{\frac{\mathrm{j}2\pi}{M}} & \cdots & \mathrm{e}^{\frac{\mathrm{j}(M-1)2\pi}{M}} \\ \vdots & \vdots & & \vdots \\ 1 & \mathrm{e}^{\frac{\mathrm{j}(N-1)2\pi}{M}} & \cdots & \mathrm{e}^{\frac{\mathrm{j}(N-1)(M-1)2\pi}{M}} \end{bmatrix} \tag{2.41}$$

$\boldsymbol{x} = [x(0), x(1), \cdots, x(N-1)]^{\mathrm{T}}$，DFT 系数向量 $\boldsymbol{X} = [X(0), X(1), \cdots, X(M-1)]^{\mathrm{T}}$。

则 DFT 系数可表达为

$$\boldsymbol{X} = \boldsymbol{A}^{\mathrm{H}}\boldsymbol{x} \tag{2.42}$$

其中傅里叶变换矩阵为

$$\boldsymbol{A}^{\mathrm{H}} = \begin{bmatrix} 1 & 1 & \cdots & 1 \\ 1 & \mathrm{e}^{\frac{-\mathrm{j}2\pi}{M}} & \cdots & \mathrm{e}^{\frac{-\mathrm{j}(N-1)2\pi}{M}} \\ \vdots & \vdots & & \vdots \\ 1 & \mathrm{e}^{\frac{-\mathrm{j}(M-1)2\pi}{M}} & \cdots & \mathrm{e}^{\frac{-\mathrm{j}(M-1)(N-1)2\pi}{M}} \end{bmatrix} \tag{2.43}$$

因此有 $\boldsymbol{A}\boldsymbol{A}^{\mathrm{H}} = \boldsymbol{I}$。

性质 假设实数序列 $x(n)$ 的长度为 N，其离散傅里叶变换为 $X(k) = \mathrm{DFT}[x(n)]$，则 $X(k) = X^*(M-k)$。

证明

$$\begin{cases} X(k) = \displaystyle\sum_{n=0}^{N-1} x(n)\mathrm{e}^{-\mathrm{j}\frac{2\pi}{M}kn} \\ X(M-k) = \displaystyle\sum_{n=0}^{N-1} x(n)\mathrm{e}^{-\mathrm{j}\frac{2\pi}{M}(M-k)n} = \sum_{n=0}^{N-1} x(n)\mathrm{e}^{\mathrm{j}\frac{2\pi}{M}kn} = X^*(k) \end{cases} \tag{2.44}$$

由式 (2.44) 可得 $|X(k)| = |X^*(M-k)|$，这表明实序列信号的频谱幅度以 $k = \dfrac{M}{2}$

对称。

✎ 笔记 由奈奎斯特-香农采样定理可知，采样频率 f_s 大于信号频率分量最大值的2倍，信号的频谱信息才不混叠。因此，信号的频率在DFT分析中主要分布在 $k \in [0\,M/2]$。同时，由式(2.44)可知实信号的频谱幅度以 $k = \dfrac{M}{2}$ 对称，因此其频谱分布如图2-7所示。

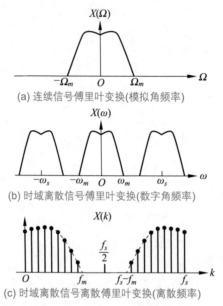

(a) 连续信号傅里叶变换(模拟角频率)

(b) 时域离散信号傅里叶变换(数字角频率)

(c) 时域离散信号离散傅里叶变换(离散频率)

图 2-7 实数信号的傅里叶变换、时域离散序列傅里叶变换及离散傅里叶变换示意图

📖 例题2.5 图2-8左边是长度为 N 的矩形序列信号波形，求其 M 点的离散傅里叶变换。

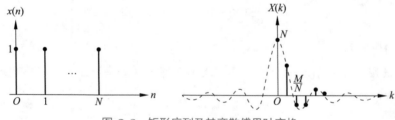

图 2-8 矩形序列及其离散傅里叶变换

解

$$\begin{cases} X(k) = \displaystyle\sum_{n=0}^{N-1} x(n)\mathrm{e}^{-\mathrm{j}\frac{2\pi}{M}kn} \\[2mm] = \displaystyle\sum_{n=0}^{N-1} \mathrm{e}^{-\mathrm{j}\frac{2\pi}{M}kn} = \dfrac{1-\mathrm{e}^{\mathrm{j}\frac{2\pi}{M}kN}}{1-\mathrm{e}^{\mathrm{j}\frac{2\pi}{M}k}} = \mathrm{e}^{\mathrm{j}\frac{2\pi}{M}k(N-1)/2} \dfrac{\sin\left(\dfrac{\pi N}{M}k\right)}{\sin\left(\dfrac{\pi}{M}k\right)} \end{cases}$$

❀ 编程 2.1　信号 $x(t) = 2 * \sin(2\pi f_1 t) + 5 * \sin(2\pi f_2 t)$，假设信号 1 和信号 2 分量的频率分别为 $f_1 = 6\text{Hz}, f_2 = 10\text{Hz}$，利用下面这个 MATLAB 程序产生 128 个采样点，分析不同条件下的频谱分辨率并计算，完成表 2-1 中的内容。

表 2-1　采样频率与分析点数对信号频率估计性能的影响

采样频率/Hz	频率分析点数	信号 1 分量频率估计值/Hz	信号 2 分量频率估计值/Hz
10	64		
	128		
	256		
20	64		
	128		
	256		
30	64		
	128		
	256		

```
%《调频连续波雷达——原理、设计与应用》编程例子
% 序列信号的离散傅里叶变换
clc;clear;close all;
% 定义信号参数
a1=2;%信号1分量幅度
a2=5;%信号2分量幅度
f1=6;%信号1分量频率
f2=10;%信号2分量频率
N=128;%采样点数
M=N;%频率分析点数

fs=30; %采样频率
t=0:1/fs:(N-1)/fs; %时间
f=fs/M*(0:1:(M-1));% 频率

xt=2*sin(2*pi*f1*t)+5*sin(2*pi*f2*t);%信号
X=fft(xt,M); % DFT
X_dB=10*log10(abs(X)); %频谱幅度

figure;
subplot(211);
plot(t,xt);
xlabel('时间 (s)');
ylabel('幅度 (V)');
title(['时域离散信号' ' (采样点数为 ' num2str(N) ')']);
```

```
xlim([0 t(end)]);
subplot(212);
plot(f,X_dB);
xlabel('频率 (Hz)');
ylabel('幅度 (dB)');
title(['频域信号频谱幅度' ' (分析点数为 ' num2str(M) ')']);
xlim([0 f(end)]);
```

2.2　目标信息测量原理

2.2.1　径向距离与速度

雷达的目标具有哪些重要信息?路上行驶车辆的相对位置和速度等目标状态信息将为自动驾驶提供重要的目标跟踪观测数据;雷达对人体呼吸和心跳测量得到的雷达相位信息蕴含了人体生理重要的信息;因此,目标的径向距离、相对运动速度、角度、尺寸面积等信息都是雷达观测的信息。根据目标信息测量要求不同,雷达系统和信号处理复杂度也有所差异。有些雷达只进行目标测距,比如非相参脉冲雷达;有些雷达只测量目标的速度,比如单一工作频率的连续波雷达;对于要求同时测量目标的距离、速度和角度信息参数,雷达系统需采用多输入多输出天线相参雷达系统。

不同系统的雷达基于目标信息获取的原理是相同的。根据第1章讲述的雷达电磁信号是以时间和空间变化的波形函数。雷达通过发射电磁波与目标作用后向散射产生的回波。信号是信息的载体。目标的信息"调制"在回波的强度、时间相位和空间相位上。目标回波的强度可由雷达方程计算,目标信息引起的正弦电磁波的时间相位和空间相位变化,相位的变化意味着信号频率发生改变。进一步对回波的相位和频率进行分析,可提取目标的信息。

图2-9为实际雷达目标测量的原理示意图。在水平面两维坐标中,把目标的位置记为 (R, θ),目标的运动速度为 v,目标的雷达横截面积RCS为 σ。由第1章分析可知雷达天线的尺寸与电磁波的波长成正比,因此,为了缩小雷达天线的面积,发射波形需与一个高频的载波进行混频上变频至射频信号,再经滤波、放大后由天线把能量辐射至大气中。因不同频率的电磁波在大气中传播的能量会被大气中氧气、水汽等分子衰减,雷达载波的频率要根据雷达探测目标以及应用场景的特点确定。图2-10为电磁波传播在大气中衰减分布。由图可知,目前汽车毫米波雷达芯片采用的76~81GHz频

率范围就因为该频段是其中一个大气窗口。

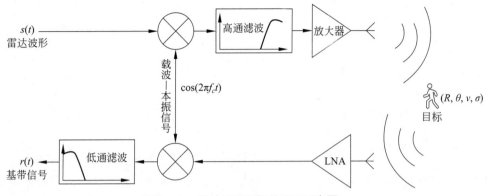

图 2-9 雷达测量目标的原理示意图

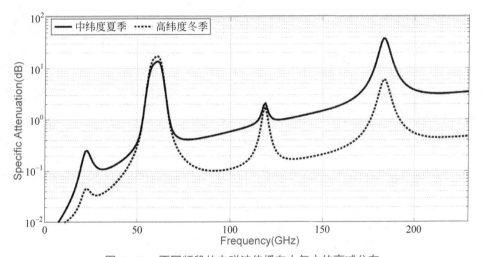

图 2-10 不同频段的电磁波传播在大气中的衰减分布

为了方便分析，信号均采用复信号表示。在一个发射周期内，雷达发射波形为

$$s(t) = e^{j\phi(t)}, \quad t \in [0, \tau] \tag{2.45}$$

式中，t 为时间，τ 为发射波形的持续宽度。那么，雷达发射信号 $\mathrm{Tx}(t)$ 可写成

$$\mathrm{Tx}(t) = A_t e^{j(\phi(t) + 2\pi f_c t)}, \quad t \in [0, \tau] \tag{2.46}$$

式中，A_t 为信号经滤波、放大后的幅度。

如果把运动目标的瞬时速度看成匀速的，根据图2-11目标在时间 t 与雷达的径向距离可表达为

$$R(t) = R_0 + v_r t \tag{2.47}$$

式中，R_0 为 $t=0$ 时的起始相对径向距离，v_r 为目标的径向速度。

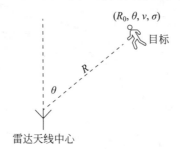

图 2-11　目标的径向距离和径向速度

✏ 笔记　式(2.47)中，径向速度只是目标的运动速度向量在径向距离上投影的部分速度分量，不一定为目标的运动速度 v。当目标的运动速度朝天线中心方向，那么 $v_r = v$。

雷达发射信号与目标作用产生后向散射回波，雷达接收天线接收到的回波信号 $\mathrm{Rx}(t)$ 可写成

$$\mathrm{Rx}(t) = A_r \mathrm{e}^{\mathrm{j}\left[\phi\left(t-\frac{2R(t)}{c}\right)+2\pi f_c\left(t-\frac{2R(t)}{c}\right)\right]} \tag{2.48}$$

式中，A_r 包括目标RCS、路径衰减后的幅度，c 为电磁波的传播速度。该接收信号与载波（本振信号）混频下变频滤波后，雷达基带信号可表示为

$$r(t) = k\sigma \mathrm{e}^{\mathrm{j}\left[\phi\left(t-\frac{2R(t)}{c}\right)-4\pi\frac{R(t)}{\lambda}\right]} \tag{2.49}$$

其中，k 包括系统收发损耗与放大因子，λ 为雷达载频对应的工作波长，σ 为目标的RCS。

把式(2.47)代入式(2.49)，可得

$$r(t) = k\sigma \mathrm{e}^{\mathrm{j}\left[\phi\left(t-\frac{2(R_0+v_r t)}{c}\right)-4\pi\frac{R_0+v_r t}{\lambda}\right]} \tag{2.50}$$

由于电磁波的传播速度远远大于目标的径向速度，因此式(2.50)可近似为

$$r(t) \approx k\sigma \mathrm{e}^{\mathrm{j}\phi\left(t-\frac{2R_0}{c}\right)} \mathrm{e}^{-\mathrm{j}\frac{4\pi R_0}{\lambda}} \mathrm{e}^{-\mathrm{j}\frac{4\pi v_r}{\lambda}t} \tag{2.51}$$

式(2.51)第二项为一个常数项；第三项是一个正弦复信号，其频率与目标的径向速度成正比，具体为

$$f_d = -\frac{2v_r}{\lambda} \tag{2.52}$$

该频率称为目标的多普勒频率。

进一步，对式(2.52)利用雷达发射波 $s(t)$ 形进行匹配滤波（或其他等效方式），输出后得到目标的距离分布。

✎ 笔记　对于单一频率的连续波雷达，$s(t)$ 相当于 1（$\phi(t) = 0$）。因此，这种雷达无法测量目标的距离，只能测量目标的径向速度，对回波信号进行傅里叶变换就能得到目标的径向速度。

　　那么，对于其他类型的雷达，雷达是如何具体提取目标的径向速度？接下来以脉冲雷达为例，讨论目标径向速度的测量原理。雷达发射的周期 μs 级，在一个径向距离内只能测量目标的距离向分布，那么，对于运动的目标相当于只采样一次。根据离散傅里叶变换，一个点的数据难以确定信号的频率，因此脉冲雷达以一定脉冲重复周期（pulse repetition time，PRT）发射信号，进而依次接收回波信号。如图 2-12 所示，在一个脉冲内的时间称为快时间，由脉冲重复周期间隔的信号时间域称为慢时间。对这些回波信号距离向上匹配滤波后，抽取相邻 N 个回波信号进行傅里叶变换。目标径向速度的分析分辨率为

$$v_{\text{resolution}} = \frac{\lambda}{2N\text{PRT}} \tag{2.53}$$

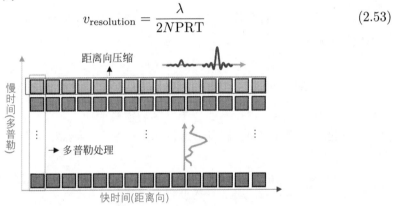

图 2-12　脉冲雷达的目标径向距离和速度计算示意图

2.2.2　目标角度测量

　　要准确计算目标在水平面上的分布位置，除需要知道目标径向距离外，还要知道目标的方位角度。要测量目标的方位角度，就要在方位空间上对目标信号进行采样（类似径向速度的计算），形成一个类似正弦的复信号，再对信号进行傅里叶变换，就可得到与信号方位位置相关的频率。如图 2-13 所示，方位空间的采样则意味着要采用多个发射与接收天线，每个接收天线对应一个接收通道。通过 N 个发射天线组成的发射阵列，M 个发射天线组成的接收阵列，接收阵列阵元间距为 d，发射阵元间距满足 $l = dM$。这样组合可形成间距为 $N \times M$ 个阵元虚拟天线阵列。在以雷达为中心原点的极坐标系中，假设某一目标的坐标为 (R, θ)，阵元总数量为 $N_a = N \times M$，阵列总长

度为 $L = d \times N \times M$。通过几何关系可知，对于同一个目标，其第 n 个阵元接收信号的方位相位变化项为 $e^{j\frac{2\pi}{\lambda}nd\sin\theta}$。实际上，方位空间存在多个目标，假设目标总数量为 T_N，则 FMCW 雷达的第 n 个阵元接收信号可表达为

$$s(n,t) = \sum_{i=1}^{T_N} a_i e^{j\frac{2\pi}{\lambda}nd\sin\theta_i} e^{j\phi(t-\frac{2R_{0i}}{c})} e^{-j\frac{4\pi R_{0i}}{\lambda}} e^{-j\frac{4\pi v_{ri}}{\lambda}t} \qquad (2.54)$$

式中，a_i、θ_i、R_{0i} 和 v_{ri} 分别为第 i 个目标的强度、方位角度、径向距离和径向速度。

✏ 笔记　图 2-13 中，发射阵列有两种发射方式：一种是发射阵元同时发射正交信号，此时每个接收通道可收到每个发射阵元的信号，接下来由接收通道进行正交匹配滤波，筛选出信号 $r_{11}(t)$，$r_{12}(t)$，$\cdots$，$r_{NM}(t)$；另一种方式是，发射阵元以时分复用交替发射同一种信号，这种方式是以时间资源换取空间资源，系统的复杂度比第一种方式低。

为了方便分析方位角度的估计，把式 (2.54) 中第 i 个目标的含方位角度的信号单独写成下面形式：

$$s(n) = a_i e^{j\frac{2\pi}{\lambda}nd\sin\theta_i} \qquad (2.55)$$

可知，由虚拟天线阵采集得到的目标方位角度信号的数字空间频率为 $\frac{d\sin\theta_i}{\lambda}$。因此，目标的方位角度可直接利用傅里叶变换进行估计。

现在讨论角度分辨率，假设邻近目标的角度为 $\theta + \Delta\theta$，则两个目标的角度频率差值为

$$\Delta f = \frac{d[\sin(\theta+\Delta\theta) - \sin(\theta)]}{\lambda} = \frac{d[\sin(\theta)\cos(\Delta\theta) + \cos(\theta)\sin(\Delta\theta) - \sin(\theta)]}{\lambda} \qquad (2.56)$$

因为 $\Delta\theta$ 很小，所以式 (2.56) 可近似为

$$\Delta f = \frac{d\cos(\theta)\sin(\Delta\theta)}{\lambda} \qquad (2.57)$$

由离散傅里叶变换可知，虚拟阵列的空间频率分析分辨率为 $\frac{1}{N_a}$。角度分辨率值应高于频谱分辨率的值，于是有

$$\Delta f = \frac{d\cos(\theta)\sin(\Delta\theta)}{\lambda} > \frac{1}{N_a} \qquad (2.58)$$

化简式 (2.58) 得

$$\Delta\theta = \frac{\lambda}{N_a d\cos(\theta)} = \frac{\lambda}{L\cos(\theta)} \qquad (2.59)$$

式中，$L = N_a d$ 为合成虚拟阵列的总长度。由式 (2.59) 可知，当天线阵元间隔为 $\frac{\lambda}{2}$ 以及目标方位角度为零时，雷达检测目标具有最佳方位角度分辨率，为 $\frac{2}{Na}$ 弧度。

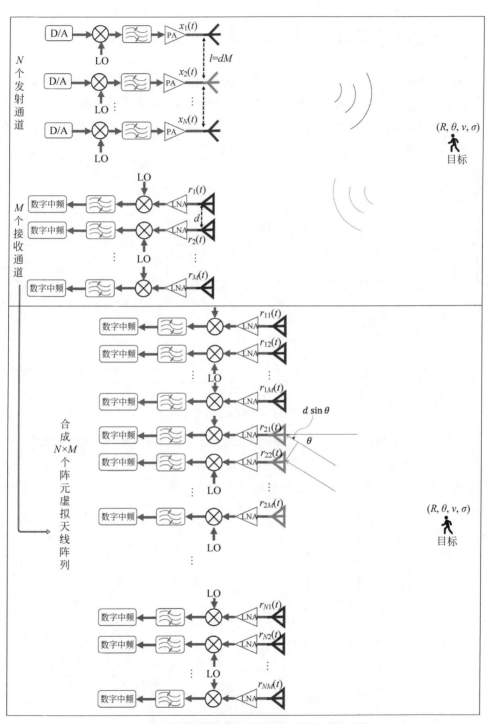

图 2-13 雷达虚拟天线阵列测量目标角度示意图

2.3　雷达距离和速度模糊

脉冲雷达是按照一定的脉冲重复周期发射雷达信号，并依次接收处理目标回波。假设某一目标的径向距离为 R，那么该目标回波返回雷达接收机的时间为 $\dfrac{2R}{c}$。因此，最远距离的目标回波返回雷达的时间应小于一个脉冲重复周期，否则这个目标回波会叠加进下一次发射信号的目标回波（见图2-14）。

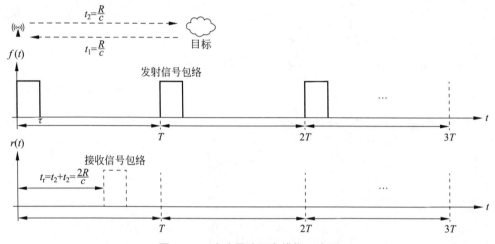

图 2-14　脉冲雷达距离模糊示意图

另外，雷达目标的径向速度根据目标的运动速度大小及方向的不同，目标的径向速度范围对应了雷达回波的多普勒谱范围。根据奈奎斯特-香农采样定理，雷达脉冲重复频率应大于目标最大不模糊速度的两倍（见图 2-15）。

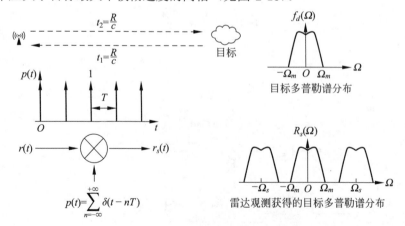

图 2-15　脉冲雷达速度模糊示意图

由上分析，雷达最大不模糊距离 $R_{\max}$ 定义为

$$R_{\max} = \frac{cT}{2} \tag{2.60}$$

雷达最大不模糊径向速度 $v_{\max}$ 定义为

$$v_{\max} = \frac{\lambda}{4T} \tag{2.61}$$

进一步可得距离模糊和速度模糊的两者乘积为

$$R_{\max} v_{\max} = \frac{c\lambda}{8} \tag{2.62}$$

2.4　雷达检测概率与虚警概率

当雷达作用距离范围内不存在目标时，雷达回波信号为系统噪声 $n(t)$。假设雷达目标回波为 $s(t)$，因此雷达接收信号可表示为

$$r(t) = \begin{cases} n(t), \text{in absence of target } (H_0) \\ s(t) + n(t), \text{in presence of target } (H_1) \end{cases} \tag{2.63}$$

由式 (2.63) 可知，雷达目标检测相当于一个二元假设检验的问题。第一个假设为无目标的情况，标记为 H_0；另一个假设为存在目标，标记为 H_1。雷达检测过程就是对当前的接收信号选择最合适的假设。假设没有目标时的接收信号 r 的概率密度分布函数为 $p_r(\boldsymbol{r}|H_0)$，则存在目标的接收信号的概率密度函数为 $p_r(\boldsymbol{r}|H_1)$。在雷达接收机内，雷达检测是基于接收信号 $r(t)$ 离散采样 N 个点的基础上进行的。把这 N 个采样点组成的向量 $\boldsymbol{r}$

$$\boldsymbol{r} = [r_0 \cdots r_{N-1}]^{\mathrm{T}} \tag{2.64}$$

基于 N 个采样点，其二元假设检验的联合概率密度分别为 $p_r(\boldsymbol{r}|H_0)$ 以及 $p_r(\boldsymbol{r}|H_1)$。这两个概率密度函数的分布空间如图2-16所示。

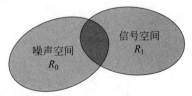

图 2-16　雷达接收信号中噪声与信号概率分布空间示意图

由二元假设检验的联合概率密度 $p_r(\boldsymbol{r}|H_0)$ 与 $p_r(\boldsymbol{r}|H_1)$，3 个重要的概率定义如下。

- 雷达的检测概率 P_D：接收信号存在目标的情况下检出目标的概率；

- 雷达的虚警概率 P_{FA}：接收信号不存在目标的情况下检出目标的概率；
- 雷达的漏检概率 P_M：接收信号存在目标的情况下但目标没被检测出的概率。

由上述定义可知，雷达检测概率和虚警概率的计算表达式为

$$P_D = \int_{R_1} p_r(r|H_1)\mathrm{d}r$$
$$P_{FA} = \int_{R_1} p_r(r|H_0)\mathrm{d}r \tag{2.65}$$

接下来分析如何划分概率空间 R_1 的范围。根据奈曼-皮尔逊决策准则[2]，在雷达虚警概率满足 $P_{FA} \leqslant \alpha$ 条件下，划分选择的概率空间 R_1 要使得雷达的检测概率 P_D 最大。该问题可通过拉格朗日的方法，建立目标函数

$$
\begin{aligned}
F &= P_D + \lambda(P_{FA} - \alpha) \\
&= \int_{R_1} p_r(r|H_1)\mathrm{d}r + \lambda\left(\int_{R_1} p_r(r|H_0)\mathrm{d}r - \alpha\right) \\
&= -\lambda\alpha + \int_{R_1} [p_r(r|H_1) + \lambda p_r(r|H_0)]\mathrm{d}r
\end{aligned}
\tag{2.66}
$$

式 (2.66) 把划分选择的概率空间 R_1 的问题转化成求模型参数 λ 的问题。要使目标函数最大，积分项须大于零，于是有

$$
\begin{aligned}
\frac{p_r(r|H_1)}{p_r(r|H_0)} &> -\lambda\,, H_1 \\
\frac{p_r(r|H_1)}{p_r(r|H_0)} &< -\lambda\,, H_0
\end{aligned}
\tag{2.67}
$$

为表示方便，令似然比 $\Lambda(r) = p_r(r|H_1)/p_r(r|H_0)$，$\eta = \ln(-\lambda)$，对式 (2.67) 两边取对数，将其进一步简写为

$$
\begin{aligned}
\ln\Lambda(r) &> \eta\,, H_1 \\
\ln\Lambda(r) &< \eta\,, H_1
\end{aligned}
\tag{2.68}
$$

假设雷达噪声服从均值为0，方差为 β^2 的高斯分布，每个采样的样点均独立并服从概率同分布，则二元假设检验的概率密度可写为

$$
\begin{aligned}
p(r|H_0) &= \prod_{n=0}^{N-1} \frac{1}{\sqrt{2\pi\beta^2}} \mathrm{e}^{-\frac{1}{2}\left(\frac{r_n}{\beta}\right)^2} \\
p(r|H_1) &= \prod_{n=0}^{N-1} \frac{1}{\sqrt{2\pi\beta^2}} \mathrm{e}^{-\frac{1}{2}\left(\frac{r_n-m}{\beta}\right)^2}
\end{aligned}
\tag{2.69}
$$

式中，m 为存在目标的接收信号均值。

则对数似然比为

$$\ln \Lambda(\boldsymbol{r}) = \sum_{n=0}^{N-1} \left\{ -\frac{1}{2}\left(\frac{r_n - m}{\beta}\right)^2 + \frac{1}{2}\left(\frac{r_n}{\beta}\right)^2 \right\} \tag{2.70}$$

$$= \frac{1}{\beta^2}\sum_{n=0}^{N-1} mr_n - \frac{1}{2\beta^2}\sum_{n=0}^{N-1} m^2$$

根据式 (2.67)，可得

$$\sum_{n=0}^{N-1} r_n > \frac{\beta^2}{m}\ln(-\lambda) + \frac{Nm}{2}\,,\, H_1 \tag{2.71}$$

$$\sum_{n=0}^{N-1} r_n < \frac{\beta^2}{m}\ln(-\lambda) + \frac{Nm}{2}\,,\, H_0$$

令式 (2.71) 左边 $\gamma(\boldsymbol{r}) = \displaystyle\sum_{n=0}^{N-1} r_n$，右边门限 $T = \dfrac{\beta^2}{m}\ln(-\lambda) + \dfrac{Nm}{2}$，则式 (2.71) 可简写为

$$\gamma(\boldsymbol{r}) > T\,,\, H_1 \tag{2.72}$$

$$\gamma(\boldsymbol{r}) < T\,,\, H_0$$

根据式 (2.67)，虚警概率 P_{FA} 可由以下两式计算

$$P_{FA} = \int_{\eta=-\lambda}^{+\infty} p_\Lambda(\Lambda|H_0)\mathrm{d}\Lambda = \alpha \tag{2.73}$$

$$= \int_{T}^{+\infty} p_\eta(\eta|H_0)\mathrm{d}\Lambda = \alpha$$

为了便于虚警概率和检测概率的求解，引入误差函数

$$\mathrm{erf}(x) = \frac{2}{\sqrt{\pi}}\int_0^x \mathrm{e}^{-t^2}\mathrm{d}t$$

以及互补误差函数

$$\mathrm{erfc}(x) = \frac{2}{\sqrt{\pi}}\int_x^{\infty} \mathrm{e}^{-t^2}\mathrm{d}t$$

由于每个采样的样点均独立并服从概率同分布，因此接收信号不存在目标时 $\gamma(\boldsymbol{r}) = \displaystyle\sum_{n=0}^{N-1} r_n$ 服从均值为 0，方差为 $N\beta^2$。图 2-17 为二元假设下 $\gamma(\boldsymbol{r})$ 的似然概率分布。

根据式 (2.73)，虚警概率 P_{FA} 为

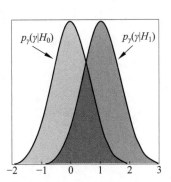

图 2-17 二元假设下 $\gamma(\boldsymbol{r})$ 的似然概率分布

$$
\begin{aligned}
P_{FA} &= \int_{T}^{+\infty} \frac{1}{\sqrt{2\pi N\beta^2}} \mathrm{e}^{\frac{-\gamma^2}{2N\beta^2}} \mathrm{d}\gamma \\
&= \frac{1}{\sqrt{\pi}} \int_{T/\sqrt{2N\beta^2}}^{+\infty} \mathrm{e}^{-t^2} \mathrm{d}t \\
&= \frac{1}{2}\mathrm{erfc}\left(\frac{T}{\sqrt{2N\beta^2}}\right) \\
&= \frac{1}{2}\left[1 - \mathrm{erf}\left(\frac{T}{\sqrt{2N\beta^2}}\right)\right]
\end{aligned}
\tag{2.74}
$$

那么，在雷达设计性能需求给出 P_{FA} 的情况下，可通过式 (2.74) 求得判别的阈值门限

$$
T = \sqrt{2N\beta^2}\,\mathrm{erf}^{-1}(1 - 2P_{FA})
\tag{2.75}
$$

在接收信号存在目标信号的条件下，假设接收采样信号均值为 m，同样，由于每个采样的样点均独立并服从概率同分布，因此 N 个接收信号的和 $\gamma(\boldsymbol{r})$ 服从均值为 Nm，方差为 $N\beta^2$。根据式 (2.73)，检测概率 P_D 为

$$
\begin{aligned}
P_D &= \int_{T}^{+\infty} \frac{1}{\sqrt{2\pi N\beta^2}} \mathrm{e}^{\frac{-(\gamma-Nm)^2}{2N\beta^2}} \mathrm{d}\gamma \\
&= \frac{1}{\sqrt{\pi}} \int_{(T-Nm)/\sqrt{2N\beta^2}}^{+\infty} \mathrm{e}^{-t^2} \mathrm{d}t \\
&= \frac{1}{2}\mathrm{erfc}\left(\frac{T-Nm}{\sqrt{2N\beta^2}}\right) \\
&= \frac{1}{2}\left[1 - \mathrm{erf}\left(\frac{T-Nm}{\sqrt{2N\beta^2}}\right)\right]
\end{aligned}
\tag{2.76}
$$

把式 (2.75) 代入式 (2.76) 可得

$$
\begin{aligned}
P_D &= \frac{1}{2}\left[1 - \mathrm{erf}\left(\frac{\sqrt{2N\beta^2}\,\mathrm{erf}^{-1}(1-2P_{FA}) - Nm}{\sqrt{2N\beta^2}}\right)\right] \\
&= \frac{1}{2}\left[1 - \mathrm{erf}\left(\mathrm{erf}^{-1}(1-2P_{FA}) - \frac{\sqrt{N}m}{\sqrt{2\beta^2}}\right)\right]
\end{aligned}
\tag{2.77}
$$

式中，$\dfrac{\sqrt{N}m}{\beta}$ 为信号与噪声比的平方根值，即信噪比 $\sqrt{\chi}$，式 (2.77) 可进一步简写为

$$
\begin{aligned}
P_D &= \frac{1}{2}[1 - \mathrm{erf}(\mathrm{erf}^{-1}(1-2P_{FA}) - \sqrt{\chi/2})] \\
&= \frac{1}{2}\mathrm{erfc}(\mathrm{erfc}^{-1}(2P_{FA}) - \sqrt{\chi/2})
\end{aligned}
\tag{2.78}
$$

雷达检测概率随信噪比变化的曲线称为雷达接收机工作特性曲线（receiver operating characteristic curve）。图2-18为雷达检测概率在不同信噪比下随虚警概率的变化。

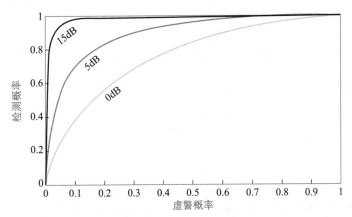

图 2-18　雷达检测概率在不同信噪比下随虚警概率的变化

2.5　雷达恒虚警概率技术

对于某个检测点，雷达的虚警概率可表示为

$$P_{FA} = \mathrm{e}^{-T/\beta^2} \tag{2.79}$$

式中，T 为检测阈值，β^2 为噪声的能量。令阈值正比于噪声能量 β^2，即

$$T = \alpha\beta^2 \tag{2.80}$$

式中，α 是与虚警概率有关的变量。

在雷达观测中，接收信号的能量 β^2 是随机起伏的，因此须自适应地更新噪声能量 β^2 并更新阈值。假设信号的杂波采样点是独立同分布的，则针对某个采样点 r_i 的概率密度函数为

$$p_{r_i}(r_i) = \frac{1}{\beta^2}\mathrm{e}^{-r_i/\beta^2} \tag{2.81}$$

假设以采样点 r_i 为中心，其两边相邻 N 采样点也是独立同分布的，则这 N 个采样点的联合概率密度为

$$p_{\boldsymbol{r}}(\boldsymbol{r}) = \frac{1}{\beta^{2N}}\mathrm{e}^{-(\sum\limits_{i=1}^{N} r_i)/\beta^2} \tag{2.82}$$

式中，r 为 N 个采样点组成的向量，则对数似然函数为

$$\ln \Lambda = -N \ln(\beta^2) - \left(\sum_{i=1}^{N} r_i\right) / \beta^2 \tag{2.83}$$

以噪声和杂波能量 β^2 为变量，最大似然比的导数为 0 时，可得

$$\frac{\mathrm{d}(\ln \Lambda)}{\mathrm{d}(\beta^2)} = -N/\beta^2 - \left(\sum_{i=1}^{N} r_i\right) / \beta^4 = 0 \tag{2.84}$$

进而可求得杂波能量估计值为

$$\widehat{\beta^2} = \left(\sum_{i=1}^{N} r_i\right) / N \tag{2.85}$$

进而检测阈值更新如下

$$\widehat{T} = \alpha \widehat{\beta^2} \tag{2.86}$$

通常，雷达恒虚警概率（Constant False Alarm Rate, CFAR）技术通过对检测点相邻单元进行平均求杂波的能量[2]。为了保护检测点能量，在检测点相邻的单元设置了保护窗口，如图 2-19 所示。

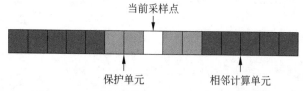

图 2-19　一种相邻单元平均的 CFAR 实现方法

相邻样本平均的 CFAR 方法，α 的计算如下

$$\alpha = N(P_{FA}^{-1/N} - 1) \tag{2.87}$$

⚛ 编程 2.2　下面为 $P_{FA} = 10^{-3}$ 的一个 CFAR 编程实现的例子。

```
%《调频连续波雷达——原理、设计与应用》编程例子
% 雷达恒虚警概率技术

clc; clear; close all;

N=256; %信号长度
idx=1:N;
y=1*rand(1,N);
y(30)=10; y(N/2)=20;%两个目标
threshold(idx)=NaN;
```

```matlab
num_train=4;%参与平均的单元
num_guard=2;%保护单元
rate_fa=1e-3;%雷达虚警概率
num_train_half = round(num_train / 2);
num_guard_half = round(num_guard / 2);
num_side = num_train_half + num_guard_half;
alpha = num_train*(rate_fa.^(-1/num_train) - 1); %计算 alpha 值

peak_idx = 0;
pk=0;
for k=num_side : N - num_side
    tem=y(k-num_side+1:k+num_side);
    [M,Ix] = max(tem,[],1);
        if (k ~= k-num_side+Ix)
            sum1 = sum(tem);
            sum2 =sum(y(k-num_guard_half+1:k+num_guard_half));
            p_noise = (sum1 - sum2) / num_train ;
            threshold(k) = alpha * p_noise;  %更新阈值
            if y(k)> threshold(k)
                pk=pk+1;
                peak_idx(pk)=k;
            end
        end
end

plot(idx, 10*log10(y),'linewidth',1)
hold on
plot(idx, 10*log10(threshold),'linewidth',1);
xlim([0 N]);
ylabel('Amplitude (dB)')
xlabel('Samples');



figure
plot(idx, y,'linewidth',1)
hold on
plot(idx, threshold,'linewidth',1);
xlim([0 N]);
ylabel('Amplitude ')
xlabel('Samples');
```

程序运行结果如图2-20所示。

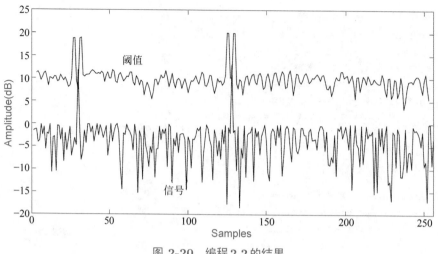

图 2-20　编程 2.2 的结果

2.6　雷达信号匹配滤波

基带信号不仅含有目标信号，也存在系统噪声。由 2.5 节可知，信噪比的提升对提高雷达检测概率具有重要作用。对于脉冲雷达，如何设计适当的滤波器对基带信号进行滤波，使得在某一时刻 t_m 输出的信噪比最大？在图 2-21 中，输入目标信号及白噪声为 $r(t)$ 和 $n(t)$，滤波器在时域标记为 $h(t)$，输出目标信号为 $r_o(t)$ 以及噪声为 $n_o(t)$。根据滤波卷积运算，输入信号与输出信号存在如下关系：

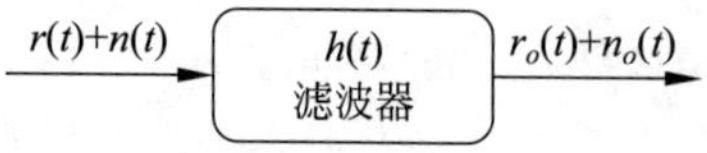

$$r(t)+n(t) \longrightarrow \boxed{\begin{array}{c} h(t) \\ 滤波器 \end{array}} \longrightarrow r_o(t)+n_o(t)$$

图 2-21　脉冲雷达基带信号匹配滤波示意图

$$r_o(t) = \int_{-\infty}^{+\infty} r(\tau)h(t-\tau)\mathrm{d}\tau$$
$$n_o(t) = \int_{-\infty}^{+\infty} n(\tau)h(t-\tau)\mathrm{d}\tau$$

(2.88)

在 t_m 时刻，输出信号的信噪比定义为

$$\mathrm{SNR}_o = \frac{r_o^2(t_m)}{n_o^2(t_m)}$$

(2.89)

令目标信号 $r(t)$、滤波器 $h(t)$ 的傅里叶变换分别为 $R(\Omega)$、$H(\Omega)$，根据傅里叶变

换性质，输出信号可表示为

$$
\begin{aligned}
r_o(t) &= \mathscr{F}^{-1}[R(\Omega)H(\Omega)] \\
&= \frac{1}{2\pi}\int_{-\infty}^{+\infty} R(\Omega)H(\Omega)\mathrm{e}^{\mathrm{j}\Omega t}\mathrm{d}\Omega
\end{aligned}
\tag{2.90}
$$

在 t_m 时刻，输出信号为

$$
r_o(t_m) = \frac{1}{2\pi}\int_{-\infty}^{+\infty} R(\Omega)H(\Omega)\mathrm{e}^{\mathrm{j}\Omega t_m}\mathrm{d}\Omega
\tag{2.91}
$$

由于噪声 $n(t)$ 和 $n_o(t)$ 是随机信号，因此其傅里叶变换没有具体的表达式。对于这种随机信号，需采用信号的统计量计算其通过一个线性系统（这里是滤波器 $h(t)$）的功率谱变化。

令 $x(t)$ 为时间连续的复随机过程，对于任一时刻 t，定义随机变量为 $X = x(t)$，其均值 $\mu(t)$ 为

$$
\mu(t) = \mathrm{E}[x(t)] = \int_{-\infty}^{+\infty} x f(x,t)\mathrm{d}x
\tag{2.92}
$$

式中，$f(x,t)$ 表示随机变量 $X = x(t)$ 在时间 t 的概率密度函数。

进一步，复随机信号 $x(t)$ 的自相关函数 $R_x(t_1,t_2)$ 定义为

$$
\begin{aligned}
R_x(t_1,t_2) &= \mathrm{E}[x(t_1)x^*(t_2)] \\
&= \int_{-\infty}^{+\infty}\int_{-\infty}^{+\infty} x_1 x_2^* f(x_1,t_1;x_2,t_2)\mathrm{d}x_1\mathrm{d}x_2 \\
&= R_x^*(t_2,t_1) \\
&= R_x(\tau), \tau = t_1 - t_2
\end{aligned}
\tag{2.93}
$$

式中，$f(x_1,t_1;x_2,t_2)$ 表示这两个随机变量 $X_1 = x(t_1)$ 和 $X_2 = x(t_2)$ 的联合概率密度函数，$*$ 表示复共轭运算。

$x(t)$ 的协方差函数 $C_x(t_1,t_2)$ 定义为

$$
\begin{aligned}
C_x(t_1,t_2) &= \mathrm{E}[(x(t_1)-\mu_1)(x^*(t_2)-\mu_2^*)] \\
&= \int_{-\infty}^{+\infty}\int_{-\infty}^{+\infty}(x_1-\mu_1)(x_2-\mu_2)^* f(x_1,t_1;x_2,t_2)\mathrm{d}x_1\mathrm{d}x_2 \\
&= R_x(t_1,t_2) - \mu_1\mu_2^*
\end{aligned}
\tag{2.94}
$$

如果复随机信号 $x(t)$ 的均值为一常数 μ，二阶距 $R_x(0) = \mathrm{E}[x(t)x^*(t)] = \mathrm{E}[|x(t)|^2] < \infty$，并且其协方差函数与时间无关，那么 $x(t)$ 称为平稳随机过程信号。对于平稳信号，其均值不随时间变化，因此协方差函数为 $C_x(t_1,t_2) = R_x(\tau) - |\mu|^2, \tau = t_1 - t_2$。

假设随机过程 $x(t)$ 只在时间 $-T/2 < t < T/2$ 有值，则其傅里叶变换为

$$X_T(\Omega) = \int_{-T/2}^{T/2} x(t)\mathrm{e}^{-\mathrm{j}\Omega t}\mathrm{d}t \tag{2.95}$$

进而，在 $-T/2 < t < T/2$ 内信号的功率谱分布定义为 $|X_T(\Omega)|^2/T$。由于 $x(t)$ 是随机过程信号，因此功率谱函数的平均为

$$\begin{aligned}
P_T(\Omega) &= \mathrm{E}\left[\frac{|X_T(\Omega)|^2}{T}\right] \\
&= \frac{1}{T}\mathrm{E}\left[\int_{-T/2}^{T/2} x(t_1)\mathrm{e}^{-\mathrm{j}\Omega t_1}\mathrm{d}t_1 \int_{-T/2}^{T/2} x^*(t_2)\mathrm{e}^{\mathrm{j}\Omega t_2}\mathrm{d}t_2\right] \\
&= \frac{1}{T}\int_{-T/2}^{T/2}\int_{-T/2}^{T/2} \mathrm{E}\left[x(t_1)x^*(t_2)\right]\mathrm{e}^{-\mathrm{j}\Omega(t_1-t_2)}\mathrm{d}t_1\mathrm{d}t_2 \\
&= \frac{1}{T}\int_{-T/2}^{T/2}\int_{-T/2}^{T/2} R(t_1-t_2)\mathrm{e}^{-\mathrm{j}\Omega(t_1-t_2)}\mathrm{d}t_1\mathrm{d}t_2
\end{aligned} \tag{2.96}$$

定义新的坐标变量 $\tau = t_1 - t_2$，$w = t_1 + t_2$，则坐标变换的雅可比矩阵的行列式为

$$J = \begin{vmatrix} \dfrac{\partial t_1}{\partial \tau} & \dfrac{\partial t_1}{\partial w} \\[2mm] \dfrac{\partial t_2}{\partial \tau} & \dfrac{\partial t_2}{\partial w} \end{vmatrix} = 1/2 \tag{2.97}$$

在坐标变换下，式 (2.96) 的双重积分可写成

$$\begin{aligned}
P_T(\Omega) &= \frac{1}{2T}\int_{-T}^{T}\int_{-T-\tau}^{T+\tau} R(\tau)\mathrm{e}^{-\mathrm{j}\Omega\tau}\mathrm{d}w\mathrm{d}\tau \\
&= \int_{-T}^{T} R(\tau)\left(1 - \frac{|\tau|}{2T}\right)\mathrm{e}^{-\mathrm{j}\Omega\tau}\mathrm{d}w\mathrm{d}\tau
\end{aligned} \tag{2.98}$$

当 $T \longrightarrow \infty$，式 (2.98) 可化简成

$$P(\Omega) = \int_{-\infty}^{\infty} R(\tau)\mathrm{e}^{-\mathrm{j}\Omega\tau}\mathrm{d}\tau \tag{2.99}$$

由式 (2.99) 可知，随机过程的自相关函数与功率谱密度是一对傅里叶变换。

假设噪声信号 $n(t)$ 的功率谱为 $N(\Omega)$，则其平均功率为

$$\mathrm{E}[|n(t)|^2] = R_n(0) = \frac{1}{2\pi}\int_{-\infty}^{\infty} N(\Omega)\mathrm{d}\Omega \tag{2.100}$$

噪声经过滤波器后，输出噪声信号 $n_o(t)$ 的自相关函数为

$$
\begin{aligned}
R_n^o(\tau) &= \mathrm{E}[(n_o(t)\,n_o^*(t-\tau)] \\
&= \mathrm{E}\left[\int_{-\infty}^{+\infty} n(t-x)h(x)\mathrm{d}x \int_{-\infty}^{+\infty} n^*(t-\tau-y)h^*(y)\mathrm{d}y\right] \\
&= \int_{-\infty}^{+\infty}\int_{-\infty}^{+\infty} \mathrm{E}\left[n(t-x)n^*(t-\tau-y)\right]h(x)h^*(y)\mathrm{d}x\mathrm{d}y \\
&= \int_{-\infty}^{+\infty}\int_{-\infty}^{+\infty} R_n(\tau+y-x)h(x)h^*(y)\mathrm{d}x\mathrm{d}y
\end{aligned}
\tag{2.101}
$$

对式 (2.101) 进行傅里叶变换，可得输出噪声的频谱 $N_o(\Omega)$ 为

$$
\begin{aligned}
N_o(\Omega) &= \int_{-\infty}^{+\infty} R_n^o(\tau)\mathrm{e}^{-\mathrm{j}\Omega\tau}\mathrm{d}\tau \\
&= \int_{-\infty}^{+\infty}\int_{-\infty}^{+\infty}\int_{-\infty}^{+\infty} R_n(\tau+y-x)h(x)h^*(y)\mathrm{d}x\mathrm{d}y\mathrm{e}^{-\mathrm{j}\Omega\tau}\mathrm{d}\tau \\
&\quad \downarrow \text{let } \tau' = \tau+y-x \\
&= \int_{-\infty}^{+\infty} R_n(\tau')\mathrm{e}^{-\mathrm{j}\Omega\tau'}\mathrm{d}\tau' \int_{-\infty}^{+\infty} h(x)\mathrm{e}^{-\mathrm{j}\Omega x}\mathrm{d}x \int_{-\infty}^{+\infty} h^*(y)\mathrm{e}^{\mathrm{j}\Omega y}\mathrm{d}y \\
&= N(\Omega)H(\Omega)H^*(\Omega) \\
&= N(\Omega)|H(\Omega)|^2
\end{aligned}
\tag{2.102}
$$

则输出噪声信号的平均功率为

$$
\mathrm{E}|n_o(t)|^2 = R_n^o(0) = \frac{1}{2\pi}\int_{-\infty}^{\infty} N_o(\Omega)\mathrm{d}\Omega = \frac{1}{2\pi}\int_{-\infty}^{\infty} N(\Omega)|H(\Omega)|^2\mathrm{d}\Omega
\tag{2.103}
$$

在 t_m 时刻，输出信号的信噪比定义为

$$
\begin{aligned}
\mathrm{SNR}_o &= \frac{r_o^2(t_m)}{n_o^2(t_m)} \\
&= \frac{1}{2\pi}\frac{\left|\int_{-\infty}^{+\infty} R(\Omega)H(\Omega)\mathrm{e}^{\mathrm{j}\Omega t_m}\mathrm{d}\Omega\right|^2}{\int_{-\infty}^{\infty} N(\Omega)|H(\Omega)|^2\mathrm{d}\Omega}
\end{aligned}
\tag{2.104}
$$

✎ 笔记　求解式 (2.104) 需引入柯西-许瓦茨不等式 (Cauchy-Schwarz inequality)。假设两个实函数 f,g 在闭区间 $[a\,b]$，需证明下式成立：

$$
\left(\int_a^b f(\Omega)g(\Omega)\mathrm{d}\Omega\right)^2 \leqslant \int_a^b (f(\Omega))^2\mathrm{d}\Omega \int_a^b (g(\Omega))^2\mathrm{d}\Omega
$$

对于任何实数 x, 都存在 $(xf(\Omega)+g(\Omega))^2 \geqslant 0$, 则

$$0 \leqslant \int_a^b (xf(\Omega)+g(\Omega))^2\,\mathrm{d}\Omega$$

$$= x^2 \int_a^b (f(\Omega))^2\mathrm{d}\Omega + 2x \int_a^b f(\Omega)g(\Omega)\mathrm{d}\Omega + \int_a^b (g(\Omega))^2\mathrm{d}\Omega$$

$$= ax^2 + bx + c$$

式中,

$$a = \int_a^b (f(\Omega))^2\mathrm{d}\Omega$$

$$b = 2\int_a^b f(\Omega)g(\Omega)\mathrm{d}\Omega$$

$$c = \int_a^b (g(\Omega))^2\mathrm{d}\Omega$$

要使对于任何实数 x 上式都成立,需满足

$$b^2 - 4ac \geqslant 0$$

则可得到柯西-许瓦茨积分不等式, 只有当 $f(\Omega) = g^*(\Omega)$ 等式成立时才成立。

观察式 (2.104), 从分子构建一个相同的分母项用于抵消, 因此令 $f(\Omega) = \dfrac{R(\Omega)}{\sqrt{N(\Omega)}}\mathrm{e}^{\mathrm{j}\Omega t_m}$, $g(\Omega) = \sqrt{N(\Omega)}H(\Omega)$。

当噪声功率谱为常数时,则式 (2.104) 可写成

$$\begin{aligned}
\mathrm{SNR}_o &= \frac{r_o^2(t_m)}{n_o^2(t_m)} \\
&= \frac{1}{2\pi}\frac{\left| \displaystyle\int_{-\infty}^{+\infty} R(\Omega)H(\Omega)\mathrm{e}^{\mathrm{j}\Omega t_m}\mathrm{d}\Omega \right|^2}{\displaystyle\int_{-\infty}^{\infty} N(\Omega)|H(\Omega)|^2\mathrm{d}\Omega} \\
&\leqslant \frac{1}{2\pi N(\Omega)}\int_{-\infty}^{+\infty} |R(\Omega)|^2\mathrm{e}^{\mathrm{j}2\Omega t_m}\mathrm{d}\Omega
\end{aligned} \tag{2.105}$$

并且可得

$$H(\Omega) = R^*(\Omega)\mathrm{e}^{-\mathrm{j}\Omega t_m} \tag{2.106}$$

对式 (2.106) 进行傅里叶逆变换, 可得

$$h(t) = k\,r^*(t_m - t) \tag{2.107}$$

式中, k 为幅度常数。

则输入目标信号经滤波后输出信号为

$$r_o(t) = \int_{-\infty}^{+\infty} r(\tau)h(t-\tau)\mathrm{d}\tau = \int_{-\infty}^{+\infty} r(\tau)r^*(t_m - t + \tau)\mathrm{d}\tau \qquad (2.108)$$

由式(2.108)可知，$t = t_m$ 时，$r_o(t_m)$ 为目标信号幅度平方累加输出，而噪声信号与目标信号不相关，因而此时具有最大的信噪比。

⊛ 编程2.3　下面为一个匹配滤波编程例子。

```
%《调频连续波雷达——原理、设计与应用》编程例子
% 雷达信号匹配滤波

clc; clear; close all;

%定义目标信号
N1=5;
t1=0:N1-1;
r=t1/N1;
N2=N1+4;
r(N1+1:N2)=1;
N3=N2+5;
r(N2+1:N3)=-1;

%匹配滤波器
h=flip(r);

N=128;
t_delay=[12  36  68];%不同目标延时

sig(1:N)=0;
for k=1:length(t_delay) %产生回波
    sig(t_delay(k):t_delay(k)-1+N3)=sig(t_delay(k):t_delay(k)-1+N3)+r;
end

y0=conv(sig,h,'same');        %匹配滤波
sig1=sig+1.5*rand(1,N);       %加噪声
y1=conv(sig1,h,'same');       %匹配滤波

subplot(221)
plot(1:N,sig);
xlim([1 N]);
xlabel('Samples');
ylabel('Amplitude')
title('无噪信号');
```

```
subplot(222)
plot(1:N,y0);
xlim([1 N]);
xlabel('Samples');
ylabel('Amplitude')
title('无噪信号匹配滤波');
subplot(223)
plot(1:N,sig1);
xlim([1 N]);
xlabel('Samples');
ylabel('Amplitude')
title('含噪信号');
subplot(224)
plot(1:N,y1);
xlim([1 N]);
xlabel('Samples');
ylabel('Amplitude')
title('含噪信号匹配滤波');
```

程序运行结果如图 2-22 所示。

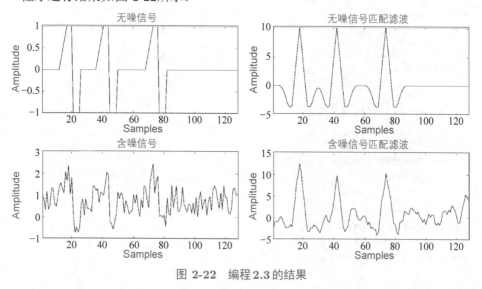

图 2-22　编程 2.3 的结果

习题

1. 图2-23(a)为某一微波上变频发射以及同相与正交调制(inphase and quadra-ture modulation, IQ)下变频接收过程示意图；图2-23 (b)为某一微波IQ正交调制上变频发射以及 IQ 正交下变频接收过程示意图。假设发射波形 $s(t)$ 的频谱如 $S(\Omega)$ 所示，画出这两种发射调制与接收解调方案的每个信号频谱，并分析这两种方案是否可用于雷达发射调制与接收解调。

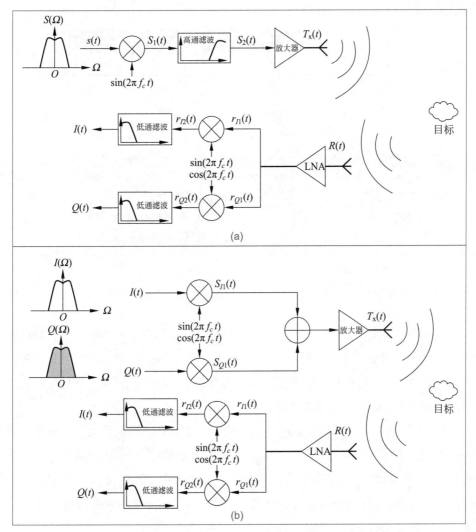

图 2-23　正交解调

2. 某雷达性能要求虚警概率为 10^{-3}，接收信号的信噪比为 10dB 时，计算雷达的检测概率。

3. 某雷达性能要求虚警概率为 10^{-5}，雷达的检测概率为 0.999，计算接收信号的信噪比为多大时，才能满足该雷达性能要求。

第 3 章

FMCW雷达系统原理

内容提要

- ❏ 线性调频信号
- ❏ FMCW雷达系统结构
- ❏ FMCW雷达信号处理
- ❏ 脉冲压缩处理
- ❏ FMCW雷达信号时序
- ❏ FMCW雷达系统设计

3.1 线性调频信号

对于脉冲时间宽度 T 的单一固定频率的脉冲雷达,可以简单推导得到目标的距离分辨率为 $\dfrac{cT}{2}$,其中 c 为光速。如果要提高雷达的作用距离,需增加雷达发射信号的能量,增加脉冲宽度,但这种方法使得目标距离分辨率下降,如何解决增加脉冲宽度的条件,目标的距离分辨率不下降的问题呢?

线性调频信号(Liner Frequncy Modulated, LFM)起初就是为了克服单一发射频率的脉冲雷达距离分辨率和发射功率之间的矛盾而提出的,目前已成为众多雷达常用的发射波形,因此掌握LFM信号是掌握许多雷达工作原理的前提。图3-1为一个线性调频信号(Liner Frequncy Modulated, LFM)的时域波形图和频谱图。LFM信号时域波形的表达式如下:

$$s(t) = \operatorname{rect}\left(\frac{t}{T}\right) \mathrm{e}^{\mathrm{j}\pi k_r t^2} \tag{3.1}$$

式中,k_r 为调频率,T 为发射信号的时间宽度,其中矩形函数 $\operatorname{rect}(t)$ 定义如下

$$\operatorname{rect}(t) = \begin{cases} 1, & |t| \leqslant 0.5 \\ 0, & \text{其他} \end{cases} \tag{3.2}$$

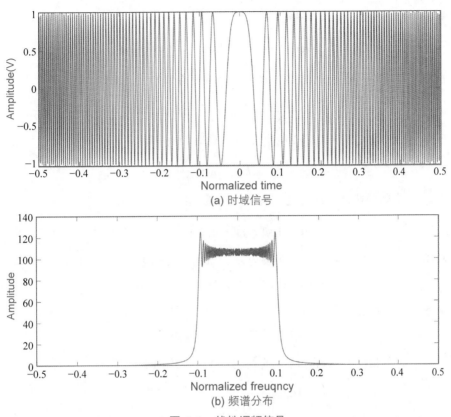

(a) 时域信号

(b) 频谱分布

图 3-1　线性调频信号

LFM 信号的相位为

$$\phi(t) = \pi k_r t^2 \tag{3.3}$$

LFM 信号随时间变化的频率为

$$f = \frac{1}{2\pi} \frac{\mathrm{d}\phi(t)}{\mathrm{d}t} = k_r t \tag{3.4}$$

则信号的频带宽度 B 为

$$B = k_r T \tag{3.5}$$

通过驻定相位原理，可推导得到 LFM 信号的频谱表达式为

$$
\begin{aligned}
S(f) &= \int_{-\infty}^{\infty} \mathrm{rect}\left(\frac{t}{T}\right) \mathrm{e}^{\mathrm{j}\pi k_r t^2} \mathrm{e}^{-\mathrm{j}2\pi ft} \mathrm{d}t \\
&= \mathrm{rect}\left(\frac{f}{k_r T}\right) \mathrm{e}^{-\mathrm{j}\pi \frac{f^2}{k_r}}
\end{aligned}
\tag{3.6}
$$

✏ 笔记　驻定相位原理的核心思想是利用正弦信号相位快速变化时积分为零，积分主要

贡献来源于相位缓慢变换的区域。式 (3.6) 的简要证明如下:

$$S(f) = \int_{-\infty}^{\infty} \text{rect}\left(\frac{t}{T}\right) e^{j\psi(t)} dt, \quad \psi(t) = \pi k_r t^2 - 2\pi f t \tag{3.7}$$

相位缓慢变换的区域为相位 $\psi(t)$ 的一阶导数为零的区域,即

$$\frac{d\psi(t)}{dt} = 2\pi k_r t - 2\pi f = 0 \tag{3.8}$$

由此可得相位缓慢变换区域(驻定相位区)的时频关系为

$$f = k_r t_0, t_0 = \frac{f}{k_r} \tag{3.9}$$

以 t_0 为参考,对相位 $\psi(t)$ 进行泰勒级数展开,如式 (3.10) 所示

$$\psi(t) = \psi(t_0) + \psi'(t)(t - t_0) + \frac{1}{2}\psi''(t)(t - t_0)^2 \tag{3.10}$$

对满足驻定相位区域,一阶导数为零。因此,式 (3.10) 在驻定相位区域可写为

$$\psi(t) = \pi k_r t_0^2 - 2\pi f t_0 + \pi k_r (t - t_0)^2 \tag{3.11}$$

由复变函数积分可知

$$\int_{-\infty}^{\infty} e^{jax^2} dx = \sqrt{\frac{\pi}{a}} e^{\pm j\frac{\pi}{4}}$$

把满足驻定相位条件的时间区域式 (3.11) 代入式 (3.7),可得

$$\begin{aligned}
S(f) &\approx \int_{-\infty}^{\infty} \text{rect}\left(\frac{t_0}{T}\right) e^{j(\pi k_r t_0^2 - 2\pi f t_0 + \pi k_r (t - t_0)^2)} dt \\
&\approx \text{rect}\left(\frac{t_0}{T}\right) e^{j(\pi k_r t_0^2 - 2\pi f t_0)} \int_{-\infty}^{\infty} e^{j\pi k_r (t - t_0)^2} dt \\
&\approx \text{rect}\left(\frac{t_0}{T}\right) e^{j(\pi k_r t_0^2 - 2\pi f t_0)} \sqrt{\frac{\pi}{k_r}} e^{\pm j\frac{\pi}{4}} \\
&\quad \downarrow \text{let } t_0 = f/k_r \\
&\approx \text{rect}\left(\frac{f}{k_r T}\right) e^{-j\pi f^2/k_r} \sqrt{\frac{\pi}{k_r}} e^{\pm j\frac{\pi}{4}}
\end{aligned} \tag{3.12}$$

证毕。

假设某一目标的回波延时为 t_d,目标回波经过下变频后,其基带信号的表达式为

$$r(t) = \sigma \text{rect}\left(\frac{t - t_d}{T}\right) e^{j\pi k_r (t - t_d)^2} \tag{3.13}$$

式中,σ 为信号的幅度。

根据第 2 章雷达信号匹配滤波方法可设计匹配滤波器为

$$h(t) = \text{rect}\left(\frac{t_m - t}{T}\right) e^{-j\pi k_r (t_m - t)^2} \tag{3.14}$$

为了便于计算，这里令 $t_m = 0$，则匹配滤波器可表达为

$$h(t) = \text{rect}\left(\frac{t}{T}\right) \text{e}^{-\text{j}\pi k_r t^2} \tag{3.15}$$

对回波的基带信号进行匹配滤波，其输出信号为

$$
\begin{aligned}
r_o(t) &= \int_{-\infty}^{+\infty} r(\tau) h(t-\tau) \text{d}\tau \\
&= \sigma \int_{-\infty}^{+\infty} \text{rect}\left(\frac{\tau - t_d}{T}\right) \text{e}^{\text{j}\pi k_r (\tau - t_d)^2} \text{rect}\left(\frac{t-\tau}{T}\right) \text{e}^{-\text{j}\pi k_r (t-\tau)^2} \text{d}\tau \\
&= \sigma \text{e}^{\text{j}\pi k_r (t_d^2 - t^2)} \int_{-\infty}^{+\infty} \text{rect}\left(\frac{\tau - t_d}{T}\right) \text{rect}\left(\frac{t-\tau}{T}\right) \text{e}^{\text{j}2\pi k_r \tau (t-t_d)} \text{d}\tau
\end{aligned}
\tag{3.16}
$$

根据图3-2，对式 (3.16) 的积分区域分段求解区间，因此可得

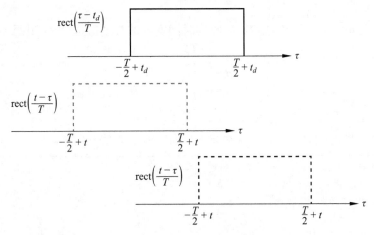

图 3-2 积分区间分段示意图

$$
\begin{aligned}
r_o(t) = \sigma \text{e}^{\text{j}\pi k_r (t_d^2 - t^2)} &\left\{ \text{rect}\left(\frac{t - t_d}{T}\right) \int_{-T/2 + t_d}^{t + T/2} \text{e}^{\text{j}2\pi k_r \tau (t - t_d)} \text{d}\tau + \right. \\
&\left. \text{rect}\left(\frac{t - t_d - T}{T}\right) \int_{t - T/2}^{T/2 + t_d} \text{e}^{\text{j}2\pi k_r \tau (t - t_d)} \text{d}\tau \right\} \\
= (T - |t - t_d|) &\text{rect}\left(\frac{t - t_d}{2T}\right) \text{sinc}[k_r \tau (T - (t - t_d))]
\end{aligned}
\tag{3.17}
$$

另外，匹配滤波器还可以根据式 (2.106) 在频域中定义，结合LFM信号的频谱，LFM 的回波信号匹配滤波器的频域表达式为

$$H(f) = S^*(f) = \text{rect}\left(\frac{f}{k_r T}\right) \text{e}^{\text{j}\pi \frac{f^2}{k_r}} \tag{3.18}$$

根据卷积运算的傅里叶变换性质，滤波器的输出信号为

$$
\begin{aligned}
r_o(t) &= \int_{-\infty}^{+\infty} H(f)R(f)\mathrm{e}^{\mathrm{j}2\pi ft}\mathrm{d}f \\
&= \int_{-\infty}^{+\infty} \mathrm{rect}\left(\frac{f}{k_r T}\right)\mathrm{e}^{-\mathrm{j}\pi\frac{f^2}{k_r}}\mathrm{rect}\left(\frac{f}{k_r T}\right)\mathrm{e}^{\mathrm{j}\pi\frac{f^2}{k_r}}\mathrm{e}^{\mathrm{j}2\pi f(t-t_d)}\mathrm{d}f \\
&= \int_{-\infty}^{+\infty} \mathrm{rect}\left(\frac{f}{k_r T}\right)\mathrm{e}^{\mathrm{j}2\pi f(t-t_d)}\mathrm{d}f \\
&= \pi B\,\mathrm{sinc}\{\pi B(t-t_d)\}
\end{aligned}
\tag{3.19}
$$

因此，目标的距离分辨率为

$$
\Delta r = \frac{c}{2B} \tag{3.20}
$$

式中，c 为光速。

因此，与单点频脉冲雷达相比，相同时间宽度的 LFM 雷达可实现距离压缩比

$$
\rho = \frac{\dfrac{cT}{2}}{\dfrac{c}{2B}} = TB \tag{3.21}
$$

因此，LFM 信号的匹配滤波也称为脉冲压缩技术。

❀ 编程3.1   下面是一个对 LFM 信号回波进行匹配滤波的仿真例子。

```
%《调频连续波雷达——原理、设计与应用》编程例子
% LFM信号匹配滤波方法
clc; clear; close all;
B=1.5e3;
fs=10*B;
kr=1e4;
T=B/kr;
t=-T/2:1/fs:T/2;
sig=exp(1j*pi*kr*t.^2);
plot(t/T, real(sig),'linewidth',1)
ylabel('Amplitude (V)')
xlabel('Normalized time');

sig_f=fftshift(fft(sig));
N=length(sig);
f=-fs/2:fs/N:fs/2-fs/N;
f=f/fs;
figure;plot(f,abs(sig_f),'linewidth',1)
ylabel('Amplitude')
xlabel('Normalized freuqncy');
```

```
len1=128;
figure;stft(sig,fs,'Window',kaiser(len1,5),'OverlapLength',len1/4,
            'FFTLength',len1);
h=colorbar;a = h.Position;title(h,'dB/Hz');
set(h,'Position',[a(1)+0.08 a(2)+0.05 0.01 0.6]);


sig_mf=conv(sig, conj(sig));
sig_mf=sig_mf/max(abs(sig_mf));
figure;
plot((abs(((sig_mf)))));


c0=3e8;
fc=10e9;
Rmax=1e8;
tdelay=2*Rmax/c0;
t1=0:1/fs:tdelay-1/fs;
echo_num=length(t1);
echo(1:echo_num)=10*(rand(1,echo_num)+1i*rand(1,echo_num));

target_range=Rmax*[0.2,0.39,0.5,0.6,0.68];
target_rcs=[2,3,5,3,2];
target_delay=2*target_range/c0;
target_delay_pos=round(target_delay*fs);

for tn=1:length(target_range)
    idx=target_delay_pos(tn):target_delay_pos(tn)+length(sig)-1;
    echo(idx) = echo(idx)+target_rcs(tn)*sig*exp(-1i*4*pi*fc*target_range(tn)
        /c0); %/ (target_range(tn)^4);
end

idR=1e-7*c0/2*(0:1/fs:(echo_num-1)/fs);
echo_mf=conv(echo,conj(sig),'same');
echo_mf=echo_mf/max(abs(echo_mf));

fontsz=12;
figure;plot(idR-(1e-7*T*c0/4),abs(echo_mf));
xlabel('相对位置');ylabel('相对幅度');
set(gcf,'color',[1 1 1]);
set(gca,'FontSize',fontsz)
set(findall(gcf,'type','text'),'FontSize',fontsz);

echo_fft=fft(echo,echo_num);
```

```
mh_fft=conj(fft(sig,echo_num));

match_out=ifft(echo_fft.*mh_fft);
match_out=match_out/max(abs(match_out));

figure;plot(idR,abs(match_out));
xlabel('相对位置');ylabel('相对幅度');
set(gcf,'color',[1 1 1]);
set(gca,'FontSize',fontsz)
set(findall(gcf,'type','text'),'FontSize',fontsz);
```

程序运行结果如图3-3所示。

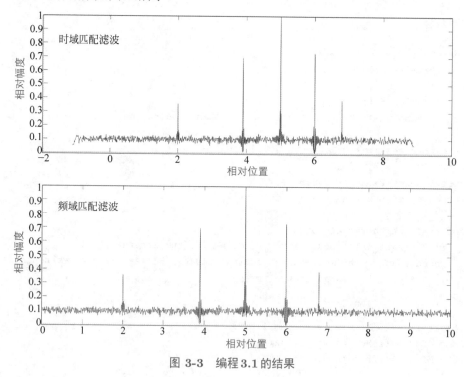

图 3-3 编程 3.1 的结果

3.2 FMCW雷达工作原理

LFM雷达的脉冲压缩技术通常用于长作用距离的遥感探测。然而，对于短距离遥感的应用场景，脉冲压缩是否可用更低运算量的方法实现？尤其是，目前微小型雷达LFM信号的工作带宽可以达4GHz，如果采用3.1节的雷达脉冲压缩技术，那么基带信号的采样率很高，这样信号处理负担会很大。因此，目前微小短距离探测雷达通常采用直接混频去斜的处理方式达到脉冲压缩的效果。这种类型的雷达需要采用两个天线：一个用于发射；另一个用于接收。这样，LFM工作在连续不间断的模式，因此这种雷达称为调频连续波（Frequency Modulated Continuous Waveform，FMCW）雷达。

图3-4为目前FMCW雷达芯片常见的系统结构。每部分的功能作用具体如下。

图 3-4　FMCW 雷达系统结构示意图

- 雷达的时序控制单元：用于控制雷达发射和接收信号的时序，给压控振荡器VCO输入压控信号。

- 压控振荡器：其输出信号的正弦波频率由输入电压决定，要求压控振荡器的作用电压和输出信号的频率线性度良好。

- 倍频器：把输入信号的频率进行倍频，使输出信号的频率增加至射频段。

- 移相器：对信号的信号进行移相，通常用于虚拟天线阵的形成。

- 功率放大器：对发射信号进行放大，送至天线辐射传播至自由空间里。

- 低噪声放大器：对目标回波信号进行放大，这一级的噪声系数对整个接收系统起决定性作用。

- 混频器：发射信号的一路耦合输入混频器与目标回波进行相乘，这一级直接可实现信号去斜处理。

- 中频/ADC：对基带信号进行采样，形成IQ信号。

- 数字信号处理单元(DSP)：完成信号的滤波、距离向压缩、多普勒速度处理、方位角度估计，或者完成各种成像算法，以及CFAR的目标检测。

如图3-5所示，FMCW雷达通常利用雷达发射信号和目标回波进行相乘混频，进而完成信号的去斜处理过程。

由于在实际的雷达系统中，发射信号为实信号。假设发射信号为

$$s(t) = \text{rect}\left(\frac{t - T/2}{T}\right)\sin(\pi k_r t^2 + 2\pi f_c t) \tag{3.22}$$

式中，f_c 为信号的中心频率。

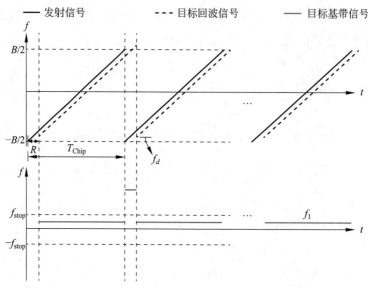

图 3-5　FMCW雷达发射与接收信号时序示意图

假设在径向距离雷达 R 处存在一个目标，则其回波信号为

$$r(t) = a\,\text{rect}\left(\frac{t - T/2 - 2R/c}{T}\right)\sin[\pi k_r(t - 2R/c)^2 + 2\pi f_c(t - 2R/c)] \qquad (3.23)$$

式中，a 为回波信号收发损耗及增益的总幅度。

回波信号与发射信号耦合至混频器的信号进行混频相乘，并进行低通滤波，输出信号为

$$
\begin{aligned}
r_I(t) =& r(t) * s_I(t) \\
=& a\,\text{rect}\left(\frac{t - T/2 - 2R/c}{T}\right)\sin[\pi k_r(t - 2R/c)^2 + \\
& 2\pi f_c(t - 2R/c)]\sin(\pi k_r t^2 + 2\pi f_c t) \\
& \downarrow \sin a \sin b = -(1/2)[\cos(a + b) - \cos(a - b)] \\
\approx& 0.5a\,\text{rect}\left(\frac{t - T/2}{T}\right)\cos(-4\pi k_r R/c\,t + 4\pi R^2/c^2 * k_r - 4\pi f_c/cR) \\
\approx& 0.5a\,\text{rect}\left(\frac{t - T/2}{T}\right)\cos(-4\pi k_r R/c\,t - 4\pi f_c/cR)
\end{aligned}
\qquad (3.24)
$$

为了得到基带复信号，发射信号耦合至混频器的信号一路经过90°的相移产生 $\cos(\pi k_r t^2 + 2\pi f_c t)$ 信号（见图3-6），与回波信号混频相乘，并进行低通滤波，输出信号为

$$r_Q(t) = r(t) * s_Q(t)$$

$$= a \operatorname{rect}\left(\frac{t - T/2 - 2R/c}{T}\right) \sin[\pi k_r(t - 2R/c)^2 +$$

$$2\pi f_c(t - 2R/c)]\cos(\pi k_r t^2 + 2\pi f_c t)$$

$$\downarrow \sin a \cos b = (1/2)[\sin(a+b) + \sin(a-b)]$$

$$\approx 0.5a \operatorname{rect}\left(\frac{t-T/2}{T}\right) \sin(-4\pi k_r R/c\, t + 4\pi R^2/c^2 * k_r - 4\pi f_c/cR)$$

$$\approx 0.5a \operatorname{rect}\left(\frac{t-T/2}{T}\right) \sin(-4\pi k_r R/c\, t - 4\pi f_c/cR) \qquad (3.25)$$

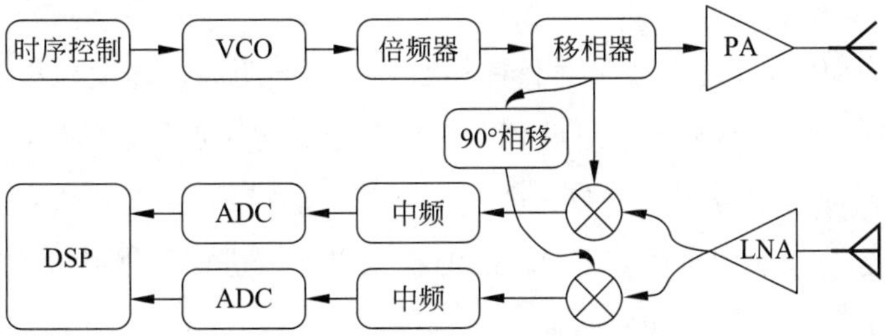

图 3-6　FMCW 雷达接收 IQ 解调示意图

由上述混频滤波后，雷达回波基带信号可表达成

$$r_o(t) = r_I(t) + \mathrm{j} * r_Q(t) = 0.5a \operatorname{rect}\left(\frac{t-T/2}{T}\right) \mathrm{e}^{-\mathrm{j}2\pi\left(\frac{2k_r R}{c}t + \frac{2R}{\lambda}\right)} \qquad (3.26)$$

假设目标的瞬时运动速度映射到雷达径向速度为 v_r，首次被雷达发射电磁波观测时目标的距离为 R_0。经过 n 个扫描周期后，倘若目标仍然在雷达作用范围内，则其距离可表达为 $R = R_0 + v_r(n-1)T$。把该距离代入式 (3.26)，可得

$$r_o(t, nT) = 0.5a \operatorname{rect}\left(\frac{t-T/2}{T}\right) \mathrm{e}^{-\mathrm{j}2\pi\left(\frac{2k_r(R_0 + v_r(n-1)T)}{c}t + \frac{2(R_0 + v_r(n-1)T)}{\lambda}\right)}$$

$$\approx 0.5a \operatorname{rect}\left(\frac{t-T/2}{T}\right) \mathrm{e}^{-\mathrm{j}2\pi\left(\frac{2k_r R_0}{c}t + \frac{2v_r(n-1)T}{\lambda} + \frac{2R_0}{\lambda}\right)} \qquad (3.27)$$

一般情况下，在雷达作用距离范围内存在多个目标。假设第 i 个目标的径向距离、径向速度以及方位角度分别为 R_i、v_i、θ_i。假设雷达接收阵列为 M 个阵元的均匀分布阵列，阵元间距为 d。由第 2 章目标的方位角度测量可知，第 i 个目标在第 n 个扫描周期的第 m 个接收阵元的基带信号可表示为

$$r_i(t, n, m) = 0.5a \operatorname{rect}\left(\frac{t-T/2}{T}\right) \mathrm{e}^{-\mathrm{j}2\pi\left(\frac{2k_r R_i}{c}t + \frac{2v_i(n-1)T}{\lambda} + \frac{2R_i}{\lambda} - \frac{m d \sin\theta_i}{\lambda}\right)} \qquad (3.28)$$

因此，在一个快时间域内，雷达的接收信号为多个目标信号的叠加

$$
\begin{aligned}
r(t,n,m) &= \sum_{i=1}^{T_n} r_i(t,nT,m) \\
&= \sum_{i=1}^{T_n} 0.5a\,\mathrm{rect}\left(\frac{t-T/2}{T}\right)\mathrm{e}^{-\mathrm{j}2\pi\left(\frac{2k_r R_i}{c}t+\frac{2v_i(n-1)T}{\lambda}+\frac{2R_i}{\lambda}-\frac{md\sin\theta_i}{\lambda}\right)} + n(t)
\end{aligned}
$$

$$(3.29)$$

式中，T_n 为目标的个数，$n(t)$ 为接收系统噪声。

3.3 FMCW雷达信号处理

FMCW雷达信号处理主要是对目标的参数（径向距离、速度和角度）进行估计。由式 (3.29) 可知，目标的参数信息调制在基带信号上均为复正弦信号，因此只需对其进行傅里叶变换便可求得相关参数。

首先，进行距离向的压缩。对式 (3.29) 在快时间域进行傅里叶变换，可得

$$
\begin{aligned}
r(f_r,n,m) &= \int_{-\infty}^{\infty} r(t,n,m)\mathrm{e}^{\mathrm{j}2\pi f_r t}\mathrm{d}t \\
&= \int_{-\infty}^{\infty}\left[\sum_{i=1}^{T_n} 0.5a\,\mathrm{rect}\left(\frac{t-T/2}{T}\right)\mathrm{e}^{-\mathrm{j}2\pi\left(\frac{2k_r R_i}{c}t+\frac{2v_i(n-1)T}{\lambda}+\frac{2R_i}{\lambda}-\frac{md\sin\theta_i}{\lambda}\right)} + n(t)\right] \\
&\quad \mathrm{e}^{-\mathrm{j}2\pi f_r t}\mathrm{d}t \\
&= \mathrm{e}^{\mathrm{j}\pi f_r T}\sum_{i=1}^{T_n} 0.5a\,T\mathrm{sinc}\left[\pi\left(f_r+\frac{2k_r R_i}{c}\right)T\right]\mathrm{e}^{-\mathrm{j}2\pi\left(\frac{2v_i(n-1)T}{\lambda}+\frac{2R_i}{\lambda}-\frac{md\sin\theta_i}{\lambda}\right)} + \\
&\quad N(f_r)
\end{aligned}
$$

$$(3.30)$$

进一步，对式 (3.30) 在慢时间进行傅里叶变换

$$
\begin{aligned}
r(f_r,f_d,m) &= \sum_{n=0}^{N-1} r(f_r,n,m)\mathrm{e}^{-\mathrm{j}2\pi f_d n} \\
&= \mathrm{e}^{\mathrm{j}\pi(f_r T+f_d(N-1))}\sum_{i=1}^{T_n} 0.5a\,T\mathrm{sinc}\left[\pi\left(f_r+\frac{2k_r R_i}{c}\right)T\right] \\
&\quad N\mathrm{sinc}\left[\pi\left(f_d+\frac{2v_i}{\lambda}\right)N\right]\mathrm{e}^{-\mathrm{j}2\pi\left(\frac{2R_i}{\lambda}-\frac{md\sin\theta_i}{\lambda}\right)} + \\
&\quad N(f_r,f_d)
\end{aligned}
$$

$$(3.31)$$

式中，N 为慢时间的采样点数（相干积累点数）。

忽略式 (3.31) 中的常数项，在方位角度上进行傅里叶变换后，压缩后的目标信号为

$$
\begin{aligned}
r(f_r, f_d, f_a) &= \sum_{n=0}^{M-1} r(f_r, n, m) \mathrm{e}^{-\mathrm{j}2\pi f_a m} \\
&= \sum_{i=1}^{T_n} 0.5 a\, T \mathrm{sinc}\left[\pi\left(f_r + \frac{2k_r R_i}{c}\right)T\right] N \mathrm{sinc}\left[\pi\left(f_d + \frac{2v_i}{\lambda}\right)N\right] \\
&\quad M \mathrm{sinc}\left[\pi\left(f_a - \frac{\mathrm{d}\sin\theta_i}{\lambda}\right)M\right] + \\
&\quad N(f_r, f_d, f_a)
\end{aligned}
\tag{3.32}
$$

最后，对压缩后的雷达目标数据在距离向、径向速度以及方位角度进行恒虚警概率（CFAR）检测，最终输出目标的参数信息。

3.4　FMCW 雷达系统设计

本书聚焦微小型雷达短距离遥感探测，因此本节只考虑类似图3-5的FMCW雷达系统设计。雷达系统设计要根据具体的应用场景及目标参数特性，根据目标探测精度要求设计雷达每个子系统的性能。短距探测的FMCW雷达系统设计具体步骤如下。

- 首先，根据现有国内外雷达标准及相关法规，确定雷达可使用的频率，计算出对应的雷达工作的中心波长。
- 根据应用场景及角度探测需求，以及雷达芯片资源确定收发阵元数，进而设计雷达天线阵列，计算后得出雷达收发天线的增益 G_R、G_T。
- 查阅雷达芯片技术参数，确定低噪声放大器的噪声系数 F、信号发射的平均功率 P_T，以及收发系统损耗 L。
- 根据应用场景中目标的速度分布，确定速度不模糊条件下的信号扫描周期 T，进而根据速度分辨率要求，确定慢时间域的相干积累点数的取值范围。
- 根据信号扫描周期 T，计算最大不模糊距离 $R_{\max} = \dfrac{cT}{2}$，并根据第1章雷达方程知识内容，验证最大不模糊距离是否大于雷达最大作用的距离

$$
R_{\max} \geqslant \left(\frac{\lambda^2 N \sigma G_R G_T P_T T}{(4\pi)^3 \mathrm{SNR}_{\min} \kappa T_0 F L}\right)^{0.25}
\tag{3.33}
$$

式中考虑了相干积累点数 N 对信噪比的贡献，具体情况还需具体分析。

- 根据应用场景的距离分辨率 δR 性能要求，计算信号带宽 $B = c/(2\delta R)$，进而确定调频率 $k_r = B/T$。
- 确定雷达基带信号的采样频率 $f_s \geqslant \dfrac{4k_r R_{\max}}{c} + 1/T$。
- 根据 f_s 设计接收机的低通滤波器截止频率、通频带等参数。

3.5 FMCW雷达系统仿真

❀ 编程3.2 下面是一个汽车中程距离雷达的系统仿真例子。

```
%《调频连续波雷达——原理、设计与应用》编程例子
% Automotive Medium Range Radar (MRR)
% 对小汽车 RCS =10 sqm 的作用距离为 160 m
% 分辨率为 0.3 m
% 角度分辨率为 8°
% 作者：许致火（Zhihuo Xu）
% 时间：2022年12月10日（10 Dec 2022）

clc;clear;close all;

c0   = 3e8; %Light Speed
% MRR Performance Requirements
delta_R=0.3;% m
delta_V= 1; % m/s
delta_angle=8;% degrees
SNR_min=10; % dB
R_max=160;% m
Vel_max =200;% km/h
RCS_car=10*log10(10);% dBsqm

% Step 1
Fc=78e9;
lambda=c0/Fc;

% Step 2
Na=round(360/pi/delta_angle);%天线阵元数量
delta_dis= lambda/2;   %天线阵元间距

Gt= 15; % dBi  Transmitted Anttena Gain
Gr=15;% dBi Recieved Anttena Gain

% Step 3
```

```
F= 15; % Noise figure in dB
Pt= 12; % Transmiited power dBm
L =2 ; % System loss dB

% Step 4
fd_max=2*Vel_max*1e3/3600/lambda;
T=1/(2*fd_max);% sweep time

PRF=1/T;
CPI=round(PRF/(2*delta_V/lambda));
CPI    = 2^(round(log2(CPI)));

% Step 5
R_max_new=c0*T/2;

if R_max_new< R_max
    quit;
end

te = 290.0; % effective noise temperature in Kelvins
k_constant=1.38e-23;

Rmax_dB= Pt-30+Gt +Gr + 20*log10(lambda)+RCS_car+10*log10(CPI)+10*log10(T)...
 -30*log10(4*pi)-SNR_min-10*log10(k_constant*te)-F-L;%考虑了相关积累贡献

Rmax_radar_eq=(10^(Rmax_dB/10))^0.25;

if R_max_new<Rmax_radar_eq   %检验雷达最大作用距离是否在不模糊距离内
    quit;
end

if  (Rmax_radar_eq-R_max)<0 %检验雷达最大作用距离是否达到设计要求
     quit;
end

% Step 6
B=c0/(2*delta_R);         %信号带宽
Kr=B/T;                   %调频率

fs= 4*Kr*R_max/c0+1/T; % 基带信号采样频率
RF_fs= B*3;

t  = (0 : 1/RF_fs : T-1/RF_fs);
TX_RF   = exp(1i*pi*Kr*t.^2).*exp(1i*2*pi*Fc*t);
```

```
TX_Ref  = conj(TX_RF);

fs=RF_fs/round(RF_fs/fs);

N_Fast  = round(T*fs);

dletaR=fs/N_Fast*3e8/2/Kr;
idR=dletaR*[0:N_Fast/2-1];
idV=lambda/2*(-PRF/2:PRF/CPI:PRF/2-PRF/CPI);
idt = 1e6*(0 : 1/fs : T);

%低通滤波设计
Fpass = 0.9*fs/2;           % 通带频率
Fstop =1.1*Fpass;           % 阻带频率
Dpass = 0.0057501127785;    % 通带波动
Dstop = 0.0001;             % 阻带衰减
dens  = 20;                 % 密度因子

% 使用 firpmord 从参数中计算阶数
[N, Fo, Ao, W] = firpmord([Fpass, Fstop]/(fs/2), [1 0], [Dpass, Dstop]);

% 使用 firpmord 计算滤波器系数
b  = firpm(N, Fo, Ao, W, {dens});
Hd = dfilt.dffir(b);
fvtool(Hd,'Fs',fs);

target_rcs=[8,10,15];
target_range=[36, 50, 60];
target_velocity=[5, -10 ,15];
target_theta=[-35, 0, 60];

noise_amp=k_constant*te*10^(F/10)*B;
noise_amp=sqrt(noise_amp);%将功率增益转换为电压增益

 gplot=0;   %用于画发射接收信号图的标识

 %参考文献 https://e2e.ti.com/support/sensors-group/sensors/f/sensors-forum
      /...
 %719803/awr1642-confirm-power-in-tx-and-gain-in-rx
 LNA_ADC_Gain= 48; % dB   the LNA to ADC gain

 % 距离多普勒原始数据仿真
 Rawdata(CPI,N_Fast)=0;
 for k=1:CPI
```

```matlab
echo=TX_RF*0;

for tn=1:length(target_range)
    range=target_range(tn)+target_velocity(tn)*T*(k-1);
    echo=echo+ target_rcs(tn)*exp(1i*pi*Kr*(t-2*range/c0).^2).*exp(1i*2
        *pi*Fc*(t-2*range/c0)) / (range^4);
end

Gain    = Pt-30+Gt +Gr + 20*log10(lambda)+LNA_ADC_Gain-30*log10(4*pi)-L;
Gain    =sqrt(10^(Gain/10)); %convert power gain to voltage gain

echo    = echo * Gain;

echo=echo+ noise_amp.*(randn(1,length(echo))+1i*randn(1,length(echo)));

Mixer_Output = conj(echo.*TX_Ref); %混频

Mixer_Output = decimate(Mixer_Output, RF_fs/fs);
RX_Base  = filter(Hd, Mixer_Output);

Rawdata(k,:)=RX_Base;

if(gplot)
    STFT_WindonwLen = 256;
    figure(1)
    set(gcf, 'Position', [0 0 1000 800])
    subplot(211)
    % 绘制混频器前接收信号的STFT(短时傅里叶变换)
    spectrogram(echo,STFT_WindonwLen,round(STFT_WindonwLen*0.8),
        STFT_WindonwLen, RF_fs, 'centered','yaxis');
    %ylim([-1 2])   %限制y轴范围

    STFT_WindonwLen = 128;
    subplot(212)
    % 绘制混频器后接收信号的STFT(短时傅里叶变换)
    spectrogram(Mixer_Output,STFT_WindonwLen,round(STFT_WindonwLen*0.8),
        STFT_WindonwLen, fs, 'centered','yaxis');
    %ylim([-0.1 0.1])  %限制y轴范围

    figure(2)
    subplot(211);
    plot(idt,1e3*real(RX_Base),'b','linewidth',1);       % 绘制接收信号的
                                                          % 时域波形(实部)
    %ylim([-5 5]);
```

```
        xlim([0 T]*1e6);
        xlabel('Time (\mus)');
        ylabel('Amplitude(mV)');

        subplot(212);
        plot(idt,1e3*abs(RX_Base),'b','linewidth',1);    % 绘制接收信号的
                                                          % 时域波形(幅度)
        %ylim([-5 5]);

        legend('Magnitude','Envelope');
        xlim([0 T]*1e6);
        xlabel('Time (\mus)');
        ylabel('Amplitude(mV)');
    end
end

x=Rawdata(1,:);
N_sig = length(x);    %  length of signal

fontsz=16;

raw_data=Rawdata.';
raw_data=fftshift(fft(raw_data,[],1),1); % 距离方向的 FFT
raw_data=fftshift(fft(raw_data,[],2),2); % FFT 转换到距离-多普勒域
raw_data=raw_data(1+N_sig/2:N_sig,:);

figure;
surf(idV,idR,20*log10(abs(raw_data)+eps)+30);
xlabel(['Velocity (','m/s)']);
ylabel('Range (m)');
zlabel('Intensity (dBm)');
colormap(jet);shading interp

xlim([-40 40]);ylim([0 80]);zlim([-40 0]);
caxis([-40 -10]);view(-44,41)

h=colorbar;
title(h,'dB');
a = h.Position;
set(h,'Position',[a(1)+0.08 a(2)+0.23 0.01 0.5]);
set(gcf,'color',[1 1 1]);
set(gca,'FontSize',fontsz)
set(findall(gcf,'type','text'),'FontSize',fontsz);
set(get(gca,'YLabel'),'Rotation',-26);
```

```matlab
set(get(gca,'XLabel'),'Rotation',26);

% MIMO 原始数据模拟
MIMO_data(Na:N_Fast)=0;
for k=1:Na
    echo = TX_RF*0;
    for tn=1:length(target_range)
        range=target_range(tn);
        echo=echo+ target_rcs(tn)*exp(1i*pi*Kr*(t-2*range/c0).^2).*exp(1i*2
            *pi*Fc*(t-2*range/c0)) *exp(-1i*2*pi*(k-1)*delta_dis*sind
            (target_theta(tn))/lambda)/ (range^4);
    end

    Gain = 30+ Pt-30+Gt +Gr + 20*log10(lambda)+LNA_ADC_Gain-30*log10(4*pi)-L;
    Gain = sqrt(10^(Gain/10)); % 将功率增益转换为电压增益
    echo = echo * Gain;
    echo = echo+ noise_amp.*(randn(1,length(echo))+1i*randn(1,length(echo)));
    Mixer_Output = conj(echo.*TX_Ref); %混频
    Mixer_Output = decimate(Mixer_Output, RF_fs/fs);
    RX_Base = filter(Hd, Mixer_Output);
    MIMO_data(k,:)=RX_Base;
end

rafData=fftshift(fft(MIMO_data,[],2),2);
rafData=rafData(:,1+N_sig/2:N_sig);

Ridx=dletaR*[0:N_Fast/2-1];
Na_fft=256;
AzNfft=Na_fft;
az0=linspace( -1,1,Na_fft);
azz=asind(az0);
data=fftshift(fft(rafData,AzNfft,1),1);
figure;
Xr=idR'*cosd(azz);
Yr=idR'*sind(azz);
tdata=20*log10(abs(data)/max(abs(data(:))+eps));

pcolor(Yr',Xr',tdata);
shading interp
axis;
xlim([-R_max   R_max]);
ylim([0     R_max]);
colormap(jet);
h=colorbar;
```

```
title(h,'dB')
xlabel('X (m)');
ylabel('Y (m)');
a = h.Position;
set(h,'Position',[a(1)+0.08 a(2)+0.05 0.01 0.6]);
set(gcf,'color',[1 1 1]);
set(gca,'FontSize',fontsz)
set(findall(gcf,'type','text'),'FontSize',fontsz);
```

程序运行结果如图3-7所示。

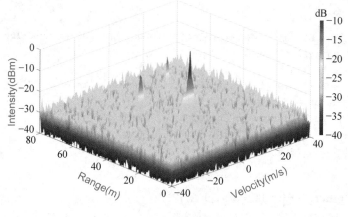

距离多普勒

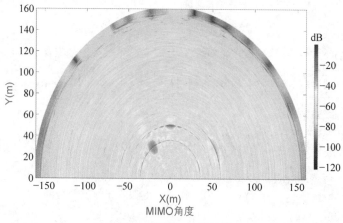

MIMO角度

图 3-7　编程 3.2 的结果

习题

1. LFM信号有哪几种等效匹配滤波方式？阐述不同匹配滤波方式的应用场景。

2. 简述驻定相位原理，并运用该原理推导LFM信号的频谱。

3. 表3-1为某一汽车短程距离雷达设计要求，请给出雷达系统设计参数。

表 3-1　某汽车短程距离雷达设计要求

符　　号	值
最大作用距离 (15dBsm) $R_{\max}$	60 m
发射天线增益 G_T	15dB
接收天线增益 G_R	15dB
最大不模糊速度 $v_{\max}^r$	200km/h
速度分辨率 δ_v	0.1m/s
距离分辨率 δ_R	0.1m
角度分辨率 δ_a	1°

第4章

FMCW雷达干扰及其抑制

内容提要

❏ FMCW雷达间的干扰   ❏ 直接干扰和多径干扰

❏ 相参干扰和非相参干扰   ❏ 雷达干扰分布概率

❏ 非相参干扰检测   ❏ 非相参干扰抑制

4.1 汽车雷达标准法规

　　自动驾驶技术可有效提高道路导通率、降低交通事故、减少尾气排放，因此已成为智能车辆发展的主要趋势。目前，自动驾驶主要采用可见光、激光、毫米波雷达等传感器实现交通环境感知，以确保主动防撞、变道超车等自动驾驶动作安全。

　　汽车毫米波FMCW雷达不受复杂天气条件的影响，具有全天候、高分辨率、体积小等优点，已广泛用于自动驾驶系统。然而，汽车雷达作为主动发射遥感工作方式，随着车辆在同一路口交汇，任一汽车雷达发射的信号都有可能成为邻近雷达的强干扰源。随着自动驾驶向高级别演进，每辆汽车上的毫米波雷达数量进一步增加，雷达之间的干扰概率也随之上升。

　　汽车雷达之间发生的干扰与雷达工作频段直接相关，首先需了解现行国内外汽车雷达技术标准在雷达工作频段范围的规定情况。为了规范汽车雷达管理，促进车辆道路感知技术的发展，同时考虑汽车雷达与射电天文等其他无线电设备频率兼容共存问题，许多国家先后制定了汽车雷达技术标准及相关管理规定。现行汽车雷达标准主要规范了雷达的工作频段、发射功率、信号带宽、距离分辨率、接收机中频带宽、噪声系数、天线增益以及天线波束宽度等内容[3]。表4-1给出了世界主要区域和国家现有的汽车雷达标准对雷达工作频段规定的情况。其中,国际电信联盟(International Telecommunication Union,ITU)标准规定汽车毫米波雷达的中心频率范围为76~81GHz[3]。中华人民共和国工业和信息化部早在2005年9月就发布了《微功率短距离无线电设备技术要求》(工业和信息化部无〔2005〕423号),规定车辆测距雷达可使用频率范围为24.00~24.25GHz和76~77GHz。2021年12月,中华人民共和国工业和信息化部为了兼顾汽车雷达产业现状和技术发展趋势,发布了《汽车雷达无线电管理暂行规定》[4],调整我国境内汽车雷达使用频率范围为76~79GHz。

表 4-1 现有的国内外汽车雷达标准(规定)

区域(国家)	最 新 版 本	生 效 日 期	工作频段/GHz
中国	工业和信息化部无〔2021〕181号	2022年3月	76~79
ITU	ITU-R M.2057-1	2018年1月	76~81
美国	ET Docket No. 15-26	2017年7月	76~81
欧洲	ETSI EN 302 264 V2.1.1	2017年5月	77~81
日本	ARIB STD-T111 V1.1	2017年3月	77~81

另外,干扰除与雷达的工作频段相关外,还与雷达采用的信号波形体制相关。现有的技术标准主要推荐汽车雷达采用FMCW信号波形,因此本章聚焦FMCW雷达之间的干扰及其抑制。

4.2 FMCW雷达干扰分类

首先,按照雷达干扰信号的传输路径,干扰可分为直接路径干扰和多径传输干扰。如图4-1所示,汽车雷达之间的互相干扰以直接路径或多径的方式经过单程距离传输衰减进入彼此雷达接收机内,而主雷达发射返回的目标回波经过了双程距离传输衰减,因此干扰信号在时域上的强度通常远高于目标信号的强度[5]。具体地,主雷达的目标回波强度可根据雷达方程计算得到

$$P_{\text{target}} = \frac{P_T G(\theta,\phi)\sigma A_e(\theta,\phi)}{\left(4\pi R^2\right)^2} \tag{4.1}$$

式中,P_T 为发射功率,G 为天线增益,θ 与 ϕ 为方位和俯仰方向上的天线方向图,σ 为目标的RCS,A_e 为天线的有效面积,R 为目标与雷达之间的距离。

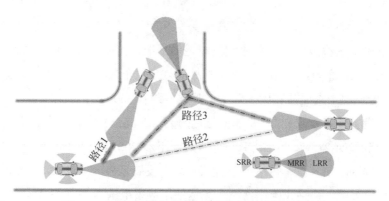

图 4-1 FMCW雷达间的直接路径干扰与多径干扰

如果干扰雷达的信号到达雷达接收机前段，则其信号强度为

$$P_{\text{interference}} = \frac{P_{TI}G(\theta,\phi)A_e(\theta,\phi)}{4\pi R_I^a} \tag{4.2}$$

式中，P_{TI} 为干扰雷达的发射功率，R_I 为干扰信号从干扰源到达主雷达的路径长度。如果是直接路径干扰，那么 $a=2$；如果是多径干扰，那么 $a>2$。

其次，根据雷达信号与干扰信号的参数特征，邻近雷达的发射信号经过直接路径或多径传输，进入主雷达系统后可产生相参或非相参两种类型的干扰。如图4-2所示，相同系统参数的雷达之间将发生相参干扰，干扰信号被主雷达误认为目标回波信号而产生虚假目标；不同系统参数雷达之间则发生非相参干扰，在时域上产生强脉冲状干扰，在频域上抬高噪声基底，甚至淹没雷达目标。

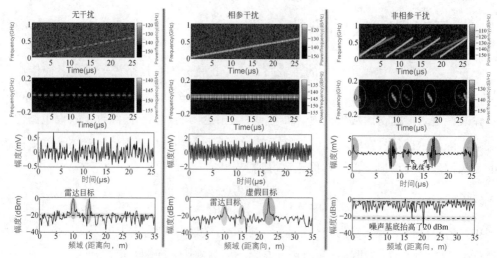

图 4-2 FMCW雷达间的相参干扰与非相参干扰

其中，对于非相参干扰，根据干扰信号的特征，这种干扰又可分为静态与动态两种干扰。倘若干扰信号与主雷达信号相对静止并同步，静态非相参干扰在距离多普勒域中把能量分布在零多普勒轴上，会淹没需要检测的静止目标；对于其他情况，非相参干扰则为动态干扰。动态非相参干扰的能量分布在整个距离多普勒域中，对静止目标和动目标的检测均造成困难。

4.3　FMCW雷达干扰概率

汽车FMCW雷达之间的干扰与装配雷达的车辆密度、几何分布、天线指向、遮挡情况、基带信号带宽、采样频率等有关。这里以简单的双向两个车道为例，分析FMCW雷达干扰概率。如图4-3所示，假设主雷达的波束宽度为θ，雷达最大作用距离为$R_{\max}$，发射功率为P_{ti}，天线方向图G_{ti}的雷达，干扰源在多径传输后对主雷达产生的干扰信号功率P_r可表示为

$$P(R) = \underbrace{P_{ti} \times G_{ti} \times G_r}_{G} \times R^{-a} = G \times R^{-a} \tag{4.3}$$

其中，R为以主雷达为参考原点的距离，G_r为主雷达的天线方向图，a为多径路径参数。主雷达在其作用范围$R_{\max}$内，接收到干扰功率为各多径传输衰落后的干扰信号累加

$$I = \sum_{R \in \Theta} P(R) \tag{4.4}$$

其中，Θ为泊松点过程分布空间。其定义如下：假设单位面积车辆的密度为$\rho > 0$，车辆行驶过程为一种随机的排队过程，可利用空间泊松点过程描述主雷达邻近区域的干扰源分布。定义干扰源所在的二维平面$\mathbb{R}^2$，利用博雷尔测度定义干扰分布区域B，则该区域具有数量为k个干扰源的概率为

$$P\{N(B) = k\} = \frac{(\rho|B|)^k}{k!} e^{-\rho|B|} \tag{4.5}$$

其中，$|B|$为区域B的面积。根据图4-3，$|B| = \theta R_{\max}^2 / 2$，式(4.5)可进一步写成

$$P\{N(B) = k\} = \frac{(\rho\theta R_{\max}^2 / 2)^k}{k!} e^{-\rho\theta R_{\max}^2 / 2} \tag{4.6}$$

接下来借助特征函数的方法求解式(4.4)干扰I的概率分布。式(4.4)的特征函数为

$$\mathscr{F}_I(\omega) = \mathrm{E}(e^{j\omega I}) \tag{4.7}$$

假设雷达作用范围空间内存在 k 个干扰源，则干扰的特征函数可表达为

$$\mathscr{F}_I(\omega) = \mathrm{E}\left(\mathrm{E}(\mathrm{e}^{\mathrm{j}\omega I}|N(B)=k)\right) \tag{4.8}$$

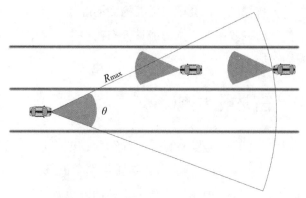

图 4-3 双向车道雷达干扰几何示意图

✎ 笔记 注意，这里的概率有两层分布含义：第一个概率是雷达作用距离范围空间内干扰源的个数服从空间泊松点过程分布；另一个概率为每个干扰源所在的位置的分布。

假设空间 B 中这 k 个干扰源的位置概率独立同均匀分布，其概率密度函数近似为

$$f(r) \approx \begin{cases} \dfrac{2r}{R_{\max}^2}, & 0 \leqslant r \leqslant R_{\max} \\ 0, & \text{其他} \end{cases} \tag{4.9}$$

则 k 个干扰源位置的特征函数为

$$\mathrm{E}(\mathrm{e}^{\mathrm{j}\omega I}|N(B)=k) \approx \left(\int_0^{R_{\max}} \frac{2r}{\theta R_{\max}^2} \mathrm{e}^{\mathrm{j}\omega I(r)}\mathrm{d}r\right)^k \tag{4.10}$$

结合式 (4.6) 和式 (4.8)，干扰的特征函数为

$$\mathscr{F}_I(\omega) = \sum_{k=0}^{\infty} \frac{\left(\rho\theta R_{\max}^2/2\right)^k}{k!} \mathrm{e}^{-\rho\theta R_{\max}^2/2} \mathrm{E}(\mathrm{e}^{\mathrm{j}\omega I}|N(B)=k) \tag{4.11}$$

把式 (4.10) 代入式 (4.11)，再根据自然指数函数的泰勒级数展开式，化简得到

$$\mathscr{F}_I(\omega) = \mathrm{e}^{\rho\theta R_{\max}^2/2 \left(-1+\int_0^{R_{\max}} \frac{2r}{R_{\max}^2}\mathrm{e}^{\mathrm{j}\omega I(r)}\mathrm{d}r\right)} \tag{4.12}$$

式 (4.12) 中的积分项可通过分部积分方法，并考虑 $R_{\max} \to \infty$，化简得到

$$\lim_{R_{\max}\to\infty}\int_0^{R_{\max}} \frac{2r}{R_{\max}^2}\mathrm{e}^{\mathrm{j}\omega I(r)}\mathrm{d}r = \lim_{R_{\max}\to\infty}\left.\frac{r^2}{R_{\max}^2}\mathrm{e}^{\mathrm{j}\omega I(r)}\right|_0^{R_{\max}} - \int_0^{R_{\max}} \frac{\mathrm{j}\omega r^2}{R_{\max}^2}\mathrm{e}^{\mathrm{j}\omega I(r)}\mathrm{d}I(r)$$

$$= \lim_{R_{\max}\to\infty} 1 - \int_0^{R_{\max}} \frac{\mathrm{j}\omega r^2}{R_{\max}^2}\mathrm{e}^{\mathrm{j}\omega I(r)}\mathrm{d}I(r) \tag{4.13}$$

把式(4.3)及式(4.13)代入式(4.12)，进一步化简可得

$$\mathscr{F}_I(\omega) = \mathrm{e}^{\mathrm{j}\omega G^{2/a}} \rho\theta \int_0^\infty x^{-2/a} \mathrm{e}^{\mathrm{j}\omega x} \mathrm{d}x \tag{4.14}$$

对于直接路径干扰，$a = 2$，式(4.14)积分发散。对于多径干扰，$a > 2$，干扰的特征函数为

$$\mathscr{F}_I(\omega) = \mathrm{e}^{-G^{2/a}\rho\theta\,\Gamma(1-2/a)\omega^{2/a}\mathrm{e}^{-\mathrm{j}\pi/a}} \tag{4.15}$$

当 $a = 4$ 时，

$$\begin{aligned} \mathscr{F}_I(\omega) &= \mathrm{e}^{-G^{1/2}\rho\theta\,\pi^{1/2}\omega^{1/2}\mathrm{e}^{-\mathrm{j}\pi/4}} \\ &= \mathrm{e}^{-\sqrt{-\mathrm{j}G\rho^2\theta^2\,\pi\omega}} \end{aligned} \tag{4.16}$$

式(4.16)为Lévy分布的特征函数。根据Lévy分布，干扰概率随距离的分布为

$$f(R) = \frac{1}{2}\rho\theta G^{1/2} \frac{\mathrm{e}^{-\frac{G\rho^2\theta^2\,\pi}{4R}}}{R^{3/2}} \tag{4.17}$$

✎ 笔记　Lévy分布的概率密度函数为

$$f(x;\mu,m) = \sqrt{\frac{m}{2\pi}} \frac{\mathrm{e}^{-\frac{m}{2(x-\mu)}}}{(x-\mu)^{3/2}}$$

μ 与 m 为分布函数的参数。

Lévy分布的特征函数为

$$\omega(x;\mu,m) = \mathrm{e}^{\mathrm{j}\omega\mu-\sqrt{-2\mathrm{i}m\omega}}$$

图4-4给出了一个多径系数为 $a = 4$ 干扰分布的例子。干扰雷达的发射功率为12dBm，发射天线增益为15dBi，主雷达的波束宽度为10°，与车流量密度相关的参数 ρ 为0.3。由图4-4可知，在100m处干扰发生的概率最大。

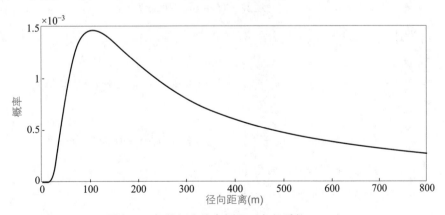

图 4-4　干扰概率分布例子（多径系数 $a = 4$）

4.4 FMCW雷达干扰信号

假设FMCW雷达发射信号为$s_{\text{tx}}(t)$，其表达式为

$$s_{\text{tx}}(t) = A_{\text{tx}}\cos(2\pi f_c t + \pi k_r t^2) \tag{4.18}$$

式中，t为时间，A_{tx}为发射信号的幅度，f_c为雷达的中心频率，k_r为调频率。假设某一车辆目标距离雷达的径向距离为R，其车辆行驶相对雷达的径向速度为v，单位为m/s，则目标的回波为

$$s_{\text{rx}}(t) = A_{\text{rx}}\cos[2\pi f_c(t - \Delta t) + \pi k_r(t - \Delta t)^2] \tag{4.19}$$

式中，A_{rx}为回波信号的幅度，目标信号相对于发射信号的延时项定义为$\Delta t = 2(R + vt)/c$，c为电磁波传播的速度。

回波信号与发射信号进行去斜Dechirp以及低通滤波后，雷达接收信号可表示为

$$r_t(t) = A_t\cos(2\pi\Delta t k_r t + \phi_r) \tag{4.20}$$

式中，A_t为接收信号的幅度，ϕ_r为包括多普勒信息的相位。对目标接收信号的相位进行求导，可得信号的频率为

$$f_t(t) = \Delta t k_r \tag{4.21}$$

为降低雷达之间干扰的概率，不同的雷达通常在国际电联标准规定的频谱内使用不同的调频率和信号带宽，通过利用降低雷达之间的干扰。假设邻近汽车FMCW雷达的调频率为k_i，则其发射的信号为

$$s_{\text{txi}}(t) = A_{\text{txi}}\cos[2\pi f_i(t + t_0) + \pi k_i(t + t_0)^2] \tag{4.22}$$

式中，t_0为该干扰雷达与主雷达发射信号的时序偏移，A_{txi}为信号的幅度，f_i为信号的中心频率。

当干扰雷达的发射信号进入主雷达接收机前端，与主雷达的发射信号进行混频后，干扰信号为

$$r_i(t) = A_i\cos[2\pi(f_c - f_i)t + \pi(k_r - k_i)t^2 - 2\pi k_i t_0 t + \phi_i] \tag{4.23}$$

式中，A_i与ϕ_i分别为干扰信号的强度和相位。

进一步地，干扰信号的频率为

$$f_i(t) = f_c - f_i - k_i t_0 + (k_r - k_i)t \tag{4.24}$$

图4-5描述了两辆汽车FMCW雷达产生的干扰过程。图中两个雷达的中心频率和调频率不同。产生的目标信号和干扰信号的强度根据式(4.1)和式(4.2)计算。图4-5(a)显示了接收信号的时间频率分布,图4-5(b)显示了混频后生成的中频信号的时间频率分布,图4-5(c)给出了被测雷达的基带信号。从这些图的结果可知,汽车毫米波雷达之间的干扰在一维距离向压缩上抬高基带信号噪声基底。

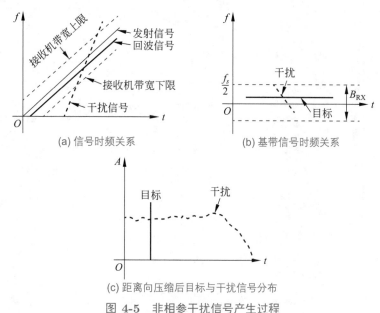

(a) 信号时频关系   (b) 基带信号时频关系

(c) 距离向压缩后目标与干扰信号分布

图 4-5　非相参干扰信号产生过程

由以上分析可见,干扰信号与主雷达混频后产生了线性调频信号。但目前主流雷达芯片(如TI AWR系列[6])在模拟射频前端混频后并没有进行模拟低通滤波,而是进行数字采样后再进行数字低通滤波。如图4-3(b)所示,根据文献[7],基带信号的数字采样频率 f_s

$$f_s = 2\left(k_r \frac{2R_{\max}}{c} + \frac{2v_{\max}}{\lambda}\right) \tag{4.25}$$

式中,k_r 为主雷达的调频率,$R_{\max}$ 为雷达最大作用距离,$v_{\max}$ 为目标最大不模糊速度,λ 为发射信号的波长。

因此,干扰信号与主雷达信号混频后频率范围通常超过数字采样率,从而导致进入基带的干扰信号频谱混叠欠采样。

在干扰条件下,雷达基带信号由目标信号、干扰信号与系统噪声 $n(t)$ 组成,即

$$r(t) = r_t(t) + r_i(t) + n(t) \tag{4.26}$$

图4-6给出了干扰条件下的雷达接收信号组成。图中，干扰信号为欠采样失真后的线性调频信号，其信号强度高达330mV，而目标回波幅度最大仅为3mV。因此，强干扰的出现对雷达正常检测目标提出了挑战。

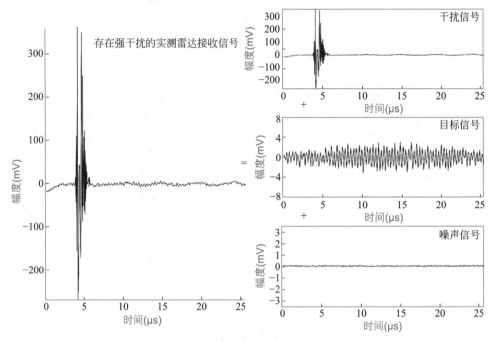

图 4-6　干扰条件下的雷达接收信号组成

4.5　FMCW雷达干扰抑制

由以上分析可知，干扰信号与目标回波在时域、频域及空域难以区分，强度相对于目标回波的强度要大得多。近年来，国内外学者对汽车FMCW雷达的干扰抑制研究成熟，大量干扰抑制方法被提出。这些方法大致可分为：

- 改变雷达信号发射参数，降低干扰发射概率；
- 基于经典信号处理的方法，如维纳滤波、小波分析、自适应噪声对消等；
- 基于稀疏约束的回波恢复方法；
- 基于神经网络的方法；
- 基于车联网通信与雷达一体化的方法。

目前自动驾驶还处于初级阶段，车联网基础设施还没开始建设。因此，目前阶段除调整雷达波形参数降低干扰概率外，汽车雷达主要依靠自身雷达信号处理的方法对干扰进行抑制。根据现有的大部分方法总结，FMCW 雷达干扰抑制的框架可总结为图4-7所示形式。

图 4-7　FMCW 雷达干扰抑制的框架

由于汽车FMCW雷达需要同时检测目标的径向距离、径向速度以及空间角度，因此好的干扰抑制方法需要对雷达回波里的干扰进行检测和抑制。如果干扰检测结果指示发生了干扰，就进行抑制，否则就不需要进行干扰抑制，这样做可以避免不必要的干扰抑制运算，减少干扰抑制算法对正常回波的影响。同时，干扰抑制后生成正常回波并分离出干扰信号，这种处理方法可为后续雷达的目标距离、速度以及角度计算提供干扰抑制后的干净回波。

4.5.1　干扰检测

干扰检测的方法主要基于对回波信号的统计分析。首先需检测回波的包络，分析是否存在干扰以及提取干扰发生区域。根据雷达基带信号的采样率，结合干扰信号的幅度包络特性，设计一个低通滤波器 h。然后，利用设计得到的滤波器对回波幅度进行包络检波，回波的幅度 $A(n)$ 可表示为

$$A(n) = \sum_{k=0}^{N-1} h(k) A_r(n-k) \tag{4.27}$$

式中，N 为每个回波的采样点数，A_r 为回波复信号的幅度。

上述检测干扰包络的方法适用于所有的接收信号。接下来，有必要确定接收信号中是否存在干扰。因为目标回波信号是作为复数正弦波叠加的，回波振幅的平均值和最大值不会有很大的差别。然而，根据大量实验得到的经验，干扰信号振幅的最大值至少比回波振幅的平均值大3倍；因此，存在干扰的判断方法是

$$\text{label}_{\text{inter}} = \begin{cases} 1, & \max(|A(n)|) > 3 \times \text{mean}(|A(n)|) \\ 0, & \text{其他} \end{cases} \tag{4.28}$$

$\text{label}_{\text{inter}}$ 表示干扰抑制算法的启动的标志，减少了干扰抑制处理。然后，可进一步确定第 n 个收到的信号样本是受影响的还是未受影响的样本，具体判断为

$$z(n) = \begin{cases} 1, & \text{label}_{\text{inter}} \& |A(n)| > \beta \times \text{mean}(|A(n)|) \\ 0, & \text{其他} \end{cases} \tag{4.29}$$

式中，β 是与干扰功率相关的参数。

接着，干扰区域的回波进行置零操作

$$y^*(n) = \begin{cases} 0, & z(n) = 1 \\ r(n), & z(n) = 0 \end{cases} \tag{4.30}$$

图4-8为一个干扰检测的例子，其中低通滤波器为 $h(n) = 0.01 \times [0.59, 1.08, 1.91,$ $2.99, 4.25, 5.61, 6.94, 8.10, 8.97, 9.43, 9.43, 8.97, 8.10, 6.94, 5.61, 4.25, 2.98, 1.91,$ $1.08, 0.59]$。由图可知，对于正常的回波，干扰检测结果表明不存在干扰。而对于发生干扰的回波，干扰检测结果能准确定位相关干扰区域并置零。

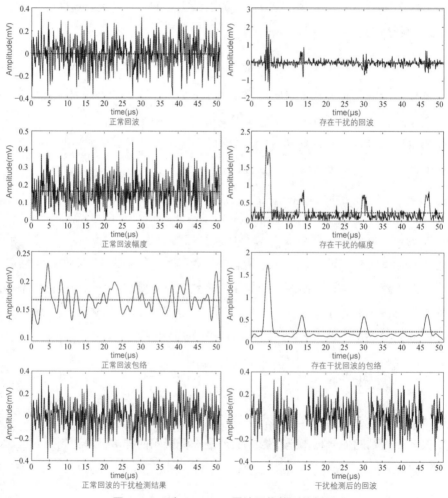

图 4-8 一个FMCW雷达干扰检测的例子

接下来采用L1范数正则化的方法对回波进行恢复。

4.5.2　干扰抑制

假设信号 $y(n)$ 的长度为 N，那么信号 $y(n)$ 的 M 点（$M \geqslant N$）逆DFT定义如下：

$$\boldsymbol{y} = \boldsymbol{W}\boldsymbol{x} \tag{4.31}$$

式中，

$$\boldsymbol{W} = \frac{1}{M}\begin{bmatrix} 1 & 1 & \cdots & 1 \\ 1 & \mathrm{e}^{\frac{\mathrm{j}2\pi}{M}} & \cdots & \mathrm{e}^{\frac{\mathrm{j}(M-1)2\pi}{M}} \\ \vdots & \vdots & & \vdots \\ 1 & \mathrm{e}^{\frac{\mathrm{j}(N-1)2\pi}{M}} & \cdots & \mathrm{e}^{\frac{\mathrm{j}(N-1)(M-1)2\pi}{M}} \end{bmatrix}$$

$\boldsymbol{y} = [y(0),\ y(1),\ \cdots,\ y(N-1)]^{\mathrm{T}}$，DFT的系数为 $\boldsymbol{x} = [x(0),\ x(1),\ \cdots,\ x(M-1)]^{\mathrm{T}}$。

因此，DFT的系数可表达为

$$\boldsymbol{x} = \boldsymbol{W}^{\mathrm{H}}\boldsymbol{y} \tag{4.32}$$

式中，

$$\boldsymbol{W}^{\mathrm{H}} = \begin{bmatrix} 1 & 1 & \cdots & 1 \\ 1 & \mathrm{e}^{\frac{-\mathrm{j}2\pi}{M}} & \cdots & \mathrm{e}^{\frac{-\mathrm{j}(N-1)2\pi}{M}} \\ \vdots & \vdots & & \vdots \\ 1 & \mathrm{e}^{\frac{-\mathrm{j}(M-1)2\pi}{M}} & \cdots & \mathrm{e}^{\frac{-\mathrm{j}(M-1)(N-1)2\pi}{M}} \end{bmatrix}$$

则有 $\boldsymbol{W}\boldsymbol{W}^{\mathrm{H}} = \boldsymbol{I}$。

对于汽车FMCW雷达的目标信号均是复数正弦波的形式，目标信号在DFT域是稀疏的。因此，干扰区域所置零的数据可利用L1准则表述为

$$\begin{aligned} \underset{\boldsymbol{x}}{\arg\min} &\quad \|\boldsymbol{x}\|_1 \\ \text{s.t.} &\quad \boldsymbol{y}^* = \boldsymbol{z}(\boldsymbol{W}\boldsymbol{x}) \end{aligned} \tag{4.33}$$

式中，$\boldsymbol{y}^* = [y^*(0), y^*(1), \cdots, y^*(N-1)]^{\mathrm{T}}$，以及 $\boldsymbol{z} = [z(0), z(1), \cdots, (N-1)]^{\mathrm{T}}$。

则干扰区域数据恢复的问题可描述为

$$J(\boldsymbol{x}) = \frac{1}{2}\|\boldsymbol{y}^* - \boldsymbol{z}(\boldsymbol{W}\boldsymbol{x})\|_2^2 + \lambda\|\boldsymbol{x}\|_1 \tag{4.34}$$

式中，λ 为 L1 正则项的参数。

上述问题可进一步表示为

$$\arg\min_{\boldsymbol{x}} \quad J(\boldsymbol{x})$$
$$\text{s.t.} \quad \boldsymbol{x} - \boldsymbol{v} = 0 \tag{4.35}$$

式中，$\boldsymbol{v}$ 为一个引入的新变量。

利用增广拉格朗日方法，上述问题又可表示为

$$L_A(\boldsymbol{x}, \lambda, \mu) = J(\boldsymbol{x}) + \lambda(\boldsymbol{x} - \boldsymbol{v}) + \frac{\mu}{2}\|\boldsymbol{x} - \boldsymbol{v}\|_2^2 \tag{4.36}$$

式中，$\mu \geqslant 0$ 为一个惩罚因子。接下来利用交替方向乘子法求解 $\boldsymbol{x}$ 和 $\boldsymbol{v}$，具体步骤如下。

$$\boldsymbol{x}_k = \arg\min_{\boldsymbol{x}} \lambda\|\boldsymbol{x}\|_1 + \frac{\mu}{2}\|\boldsymbol{x} - \boldsymbol{v}_k - \boldsymbol{d}_k\|_2^2$$
$$\boldsymbol{v}_k = \arg\min_{\boldsymbol{v}} \frac{1}{2}\|\boldsymbol{y}^* - \boldsymbol{z}(\boldsymbol{W}\boldsymbol{x}_k)\|_2^2 + \frac{\mu}{2}\|\boldsymbol{x}_k - \boldsymbol{v} - \boldsymbol{d}_k\|_2^2 \tag{4.37}$$
$$\boldsymbol{d}_{k+1} = \boldsymbol{d}_k - (\boldsymbol{x}_k - \boldsymbol{v}_k)$$

式中，k 为迭代序号，$\boldsymbol{d}_k$ 为一中间向量。

可通过软阈值操作的方法求解 $\boldsymbol{x}$

$$\boldsymbol{x}_k = \text{soft}\left(\boldsymbol{v}_k + \boldsymbol{d}_k, \frac{\lambda}{2\mu}\right) \tag{4.38}$$

式中的阈值函数定义为

$$\text{soft}(\boldsymbol{x}, \tau) = x \cdot \max\left(1 - \tau/|\boldsymbol{x}|, 0\right)$$

接下来，运用最小二乘法的方法求解 $\boldsymbol{v}$，运用 $\boldsymbol{W}\boldsymbol{W}^{\text{H}} = \boldsymbol{I}$，求解过程可化简成

$$\boldsymbol{v}_k = \boldsymbol{W}^{\text{H}}(\boldsymbol{y}^* - \boldsymbol{z}(\boldsymbol{W}\boldsymbol{x}_k)) \tag{4.39}$$

最终可得到恢复的回波为

$$\widehat{\boldsymbol{y}} = \boldsymbol{W}\boldsymbol{x}_k \tag{4.40}$$

在算法的具体实现中，向量 $\boldsymbol{v}_k$ 和 $\boldsymbol{d}_k$ 在第一次迭代中被设置为零。因为雷达回波的强度很小，算法中参数可以根据雷达回波的平均值设置；具体地，λ 可设置为 1，μ 可设置为与接收信号的平均强度的倒数成比例。此外，缺失数据估算的迭代数设置为 20，可得到良好的干扰抑制性能。

4.5.3　抑制仿真

表4-2给出了一个非相干干扰实验的模拟参数。两个干扰雷达以不同的起始频率和调频率与主雷达发生非相参干扰。两个干扰源距离被测雷达的距离分别为30m和50m。所有的雷达传感器同一时间都处于活动状态。位于15m和30m的两个雷达目标的RCS分别为1m²和3m²。位于15m的目标以5m/s的速度移动，而另一个目标是静止的。如图4-9所示，接收的信号中存在4个干扰区域。图4-10所示为干扰抑制前后目标距离多普勒分布对比。表4-3给出了干扰抑制前后信号与干扰加噪声比。由结果可知，利用干扰检测和基于L1范数正则化的干扰抑制的方法有效地抑制了干扰，其恢复出目标接近没有干扰时的目标性能。

表 4-2　干扰抑制仿真实验参数

雷　　达	参　　数	值
相同参数	带宽	500MHz
	采样率	10Msps
	相参积累点数	128
主雷达	起始频率	77GHz
	扫描周期	51.2μs
	调频率	9.76×10^{12}Hz/s
干扰雷达1	起始频率	77.7GHz
	扫描周期	25.6μs
	调频率	-1.95×10^{13}Hz/s
	距离	30m
干扰雷达2	起始频率	76.9GHz
	扫描周期	17.07μs
	调频率	2.93×10^{13}Hz/s
	距离	50m

表 4-3　信号与干扰加噪声比

抑制前后	目标1/dB	目标2/dB
没有干扰时	36.8	25.5
存在干扰时	29.8	6.2
干扰抑制后	36.4	24.2

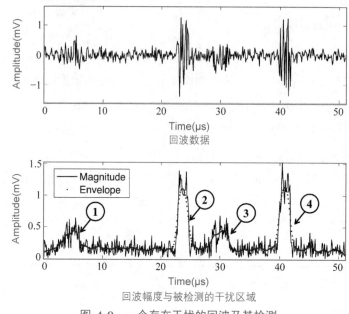

图 4-9　一个存在干扰的回波及其检测

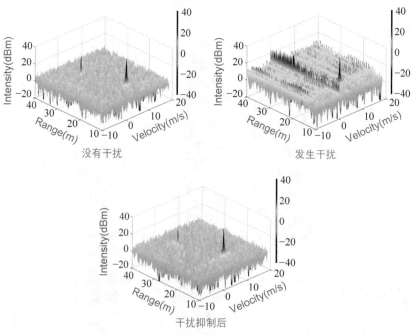

图 4-10　干扰抑制前后的目标距离多普勒分布对比

习题

1. 干扰信号有几种分类？不同分类的依据是什么？

2. 干扰信号强度的概率分布除与车流密度有关，具体还由哪些雷达参数决定？

3. 根据4.2节和4.3节知识，为降低FMCW雷达间干扰的概率，可采取哪些措施？

4. 根据第3章的FMCW系统仿真程序，进一步编程产生干扰信号，并运用本章讲述的方法进行干扰抑制。

第5章

FMCW雷达目标跟踪

5.1　递归贝叶斯估计方法

如图5-1所示，通过传感器对目标进行探测感知，获取目标当前状态 x（如位置、速度等）的观测数据。在下一个观测周期，目标的状态在其外在动力作用下进行了更新，引起速度的变化以及位置的移动。从某一状态 x_m 转移到另一状态的概率 x_n 记为 $p(x_n|x_m)$。目标转移到新的状态后，传感器观测获得新的数据 y_n，进而形成历史观测数据向量 $\boldsymbol{Y}_n = \{y_1,\ y_2,\ y_3,\ \cdots,\ y_n\}$。在状态 x_n 条件下观测得到 y_n 的似然概率 $p(y_n|x_n)$。由图5-1可知，状态转移概率与观测数据无关，当前时刻的似然函数与历史观测数据无关。

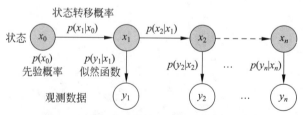

图 5-1　目标状态与观测数据概率示意图

事实上，目标跟踪是一个逆问题，即通过观测推断目标的真实状态。在概率上，通过历史观测数据求最大后验概率。首先，根据历史观测数据对下一时刻的目标状态

进行预测，即

$$p(x_{n+1}, x_n | \boldsymbol{Y}_n) = p(x_{n+1}|x_n, \boldsymbol{Y}_n)\frac{p(x_n, \boldsymbol{Y}_n)}{p(\boldsymbol{Y}_n)} = p(x_{n+1}|\boldsymbol{Y}_n)p(x_n|\boldsymbol{Y}_n) \tag{5.1}$$

对式 (5.1) 两边以 x_n 为变量进行积分，可得

$$\int p(x_{n+1}, x_n|\boldsymbol{Y}_n)\mathrm{d}x_n = \int p(x_{n+1}|\boldsymbol{Y}_n)p(x_n|\boldsymbol{Y}_n)\mathrm{d}x_n$$

$$\downarrow \tag{5.2}$$

$$p(x_{n+1}|\boldsymbol{Y}_n) = \int p(x_{n+1}|\boldsymbol{Y}_n)p(x_n|\boldsymbol{Y}_n)\mathrm{d}x_n$$

接着，根据新的观测数据更新后验概率为

$$\begin{aligned}
p(x_{n+1}|\boldsymbol{Y}_{n+1}) &= \frac{p(x_{n+1}, y_{n+1}, \boldsymbol{Y}_n)}{p(\boldsymbol{Y}_{n+1})} \\
&= \frac{p(y_{n+1}|x_{n+1}, \boldsymbol{Y}_n)}{p(\boldsymbol{Y}_{n+1})}p(x_{n+1}, \boldsymbol{Y}_n) \\
&= \frac{p(y_{n+1}|x_{n+1})p(x_{n+1}|\boldsymbol{Y}_n)}{p(y_{n+1}|\boldsymbol{Y}_n)}
\end{aligned} \tag{5.3}$$

由式 (5.2) 和式 (5.3) 可知，根据历史观测数据可对下一时刻的状态后验概率进行预测，并结合新观测数据更新后验概率，如此递归迭代，因此称为递归贝叶斯估计。

5.2　卡尔曼滤波

卡尔曼滤波是一种递归贝叶斯方法。这里以一维状态简单的例子分析卡尔曼滤波原理。假设在 n 时刻，目标状态转移参数为 F_n，传感器观测状态的参数为 H_n，则目标状态转移与观测方程为

$$\begin{aligned}
x_n &= F_n x_{n-1} + s_n \\
y_n &= H_n x_n + o_n
\end{aligned} \tag{5.4}$$

式中，s_n 与 o_n 分别为服从高斯分布的噪声，其均值为零，方差分别为 Q_n 与 R_n，则状态转移概率和观测似然函数为

$$\begin{aligned}
p(x_n|x_{n-1}) &= \mathscr{N}(x_n; F_n x_{n-1}, Q_n) \\
p(y_n|x_n) &= \mathscr{N}(y_n; H_n x_n, R_n)
\end{aligned} \tag{5.5}$$

假设在 n 时刻，状态的后验概率服从高斯分布，具体表达式为

$$p(x_n|\boldsymbol{Y}_n) = \mathscr{N}(x_n; m_n|_n, P_n|_n) \tag{5.6}$$

$m_n|_n$ 与 $P_n|_n$ 分别表示时刻 n 下的 n 时刻均值与方差。

根据式 (5.2)，基于 $n-1$ 时刻及以前的历史观测数据，预测 n 时刻的后验概率

$$p(x_n|\boldsymbol{Y}_{n-1}) = \int p(x_n|x_{n-1})p(x_{n-1}|\boldsymbol{Y}_{n-1})\mathrm{d}x_{n-1}$$

$$= \int \frac{1}{\sqrt{2\pi Q_n}}\mathrm{e}^{-\frac{(x_n - F_n x_{n-1})^2}{2Q_n}} \frac{1}{\sqrt{2\pi P_{n-1}|_{n-1}}}\mathrm{e}^{-\frac{(x_{n-1} - m_{n-1}|_{n-1})^2}{2P_{n-1}|_{n-1}}}\mathrm{d}x_{n-1} \tag{5.7}$$

式 (5.7) 为两个高斯分布卷积，卷积结果仍然为高斯分布，可表达为

$$p(x_n|\boldsymbol{Y}_{n-1}) = \mathcal{N}(x_n; m_n|_{n-1}, P_n|_{n-1}) \tag{5.8}$$

✏ 笔记

$$\int_{-\infty}^{\infty} \mathrm{e}^{-ax^2 + 2bx - c}\mathrm{d}x = \sqrt{\frac{\pi}{a}}\mathrm{e}^{-\frac{ac - b^2}{a}} \tag{5.9}$$

根据式 (5.9)，可求得式 (5.7) 指数项的各系数为

$$a = \frac{F_n^2 P_{n-1}|_{n-1} + Q_n}{2Q_n P_{n-1}|_{n-1}}$$

$$b = \frac{1}{2}\left(\frac{F_n x_n}{Q_n} + \frac{m_{n-1}|_{n-1}}{P_{n-1}|_{n-1}}\right)$$

$$c = \frac{x_n^2}{2Q_n} - \frac{m_{n-1}^2|_{n-1}}{2P_{n-1}|_{n-1}}$$

进一步化简，可求得式 (5.8) 高斯分布的均值和方差为

$$m_n|_{n-1} = F_n m_{n-1}|_{n-1}$$

$$P_n|_{n-1} = F_n^2 P_{n-1}|_{n-1} + Q_n \tag{5.10}$$

根据式 (5.3)，后验概率在新的观测数据更新

$$p(x_n|\boldsymbol{Y}_n) = p(y_n|x_n)p(x_n|\boldsymbol{Y}_{n-1})$$

$$= \frac{1}{\sqrt{2\pi R_n}}\mathrm{e}^{-\frac{(y_n - H_n x_n)^2}{2R_n}} \frac{1}{\sqrt{2\pi P_n|_{n-1}}}\mathrm{e}^{-\frac{(x_n - m_n|_{n-1})^2}{2P_n|_{n-1}}} \tag{5.11}$$

两高斯概率分布相乘仍为高斯分布，式 (5.11) 可简写为

$$p(x_n|\boldsymbol{Y}_n) = \mathcal{N}(x_n; m_n|_n, P_n|_n) \tag{5.12}$$

为了形成递归运算的形势，其均值和方差可写为

$$m_n|_n = m_n|_{n-1} + K_n(y_n - H_n m_{n-1}|_{n-1})$$

$$P_n|_n = P_n|_{n-1} - K_n H_n P_n|_{n-1} \tag{5.13}$$

其中

$$K_n = \frac{P_n|_{n-1}H_n}{H_n^2 P_n|_{n-1} + R_n}$$

综上，卡尔曼滤波的步骤可总结如下：

$$m_n|_{n-1} = F_n m_{n-1}|_{n-1}$$

$$P_n|_{n-1} = F_n^2 P_{n-1}|_{n-1} + Q_n$$

$$K_n = \frac{P_n|_{n-1}H_n}{H_n^2 P_n|_{n-1} + R_n} \tag{5.14}$$

$$m_n|_n = m_n|_{n-1} + K_n(y_n - H_n m_{n-1}|_{n-1})$$

$$P_n|_n = P_n|_{n-1} - K_n H_n P_n|_{n-1}$$

接下来更为一般的情况，即目标状态是一个维度为 N 的向量，观测值为维度为 M 的向量，则状态方程和观测方程扩展如下：

$$\boldsymbol{x}_n = \boldsymbol{F}_n \boldsymbol{x}_{n-1} + \boldsymbol{s}_n$$

$$\boldsymbol{y}_n = \boldsymbol{H}_n \boldsymbol{x}_n + \boldsymbol{o}_n \tag{5.15}$$

式中，状态转移矩阵 $\boldsymbol{F}_n$ 为 $N \times N$ 维矩阵，观测矩阵 $\boldsymbol{H}_n$ 为 $M \times N$ 维矩阵。

多维观测和多维状态的卡尔曼滤波推断过程与一维的过程类似，不同之处在于矩阵的运算，具体滤波步骤如下：

$$\boldsymbol{m}_n|_{n-1} = \boldsymbol{F}_n \boldsymbol{m}_{n-1}|_{n-1}$$

$$\boldsymbol{P}_n|_{n-1} = \boldsymbol{F}_n \boldsymbol{P}_{n-1}|_{n-1} \boldsymbol{F}_n^{\mathrm{T}} + \boldsymbol{Q}_n$$

$$\boldsymbol{S}_n = \boldsymbol{H}_n \boldsymbol{P}_n|_{n-1} \boldsymbol{H}_n^{\mathrm{T}} + \boldsymbol{R}_n$$

$$\boldsymbol{K}_n = \boldsymbol{P}_n|_{n-1} \boldsymbol{H}_n^{\mathrm{T}} \boldsymbol{S}_n^{-1} \tag{5.16}$$

$$\boldsymbol{m}_n|_n = \boldsymbol{m}_n|_{n-1} + \boldsymbol{K}_n(\boldsymbol{y}_n - \boldsymbol{H}_n \boldsymbol{m}_{n-1}|_{n-1})$$

$$\boldsymbol{P}_n|_n = \boldsymbol{P}_n|_{n-1} - \boldsymbol{K}_n \boldsymbol{H}_n \boldsymbol{P}_n|_{n-1}$$

5.3 雷达多目标跟踪

5.3.1 目标检测

图5-2为雷达在 n 时刻探测车辆目标的示意图。以雷达为中心原点的二维直角坐标系中，目标的状态用二维坐标位置及其速度表示，具体为 $x_n, y_n, \dot{x}_n, \dot{y}_n$。雷达观测

得到的目标径向距离 r_n、径向速度 $\dot{r}_n$ 以及方位角度 θ_n，可表达为

$$r_n = \sqrt{x_n^2 + y_n^2}$$

$$\dot{r}_n = \frac{x_n \dot{x}_n + y_n \dot{y}_n}{\sqrt{x_n^2 + y_n^2}} \qquad (5.17)$$

$$\theta_n = \arctan\left(\frac{x_n}{y_n}\right)$$

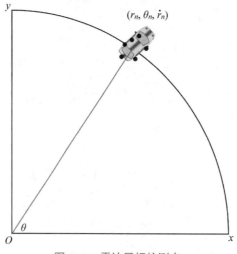

图 5-2　雷达目标检测点

在高分辨率雷达中，一个面积较大的目标通常出现多个雷达检测点，因此需要将同一目标的雷达检测点聚类成同一目标点。雷达检测点的目标聚类主要有以下方法。

- 最小距离法：计算检测点之间的距离，根据目标大小先验与雷达分辨率判断同一目标检测点。
- 高斯拟合法：对目标检测点进行混合高斯拟合，得到高斯分量，并将计算出的相应均值参数作为目标检测点的参数。
- 检测与跟踪融合法：目标检测点与上一帧目标跟踪点按照目标大小先验进行匹配。

5.3.2　目标跟踪

在 n 时刻，雷达目标的水平 x 及纵向 y 方向的位置状态为 (x_n, y_n)，其速度为 $\dot{x}_n, \dot{y}_n$ 的状态转移可表达为

$$\begin{bmatrix} x_n \\ y_n \\ \dot{x}_n \\ \dot{y}_n \end{bmatrix} = \underbrace{\begin{bmatrix} 1 & 0 & \Delta t & 0 \\ 0 & 1 & 0 & \Delta t \\ 0 & 0 & 1 & 0 \\ 0 & 0 & 0 & 1 \end{bmatrix}}_{\boldsymbol{F}_n} \underbrace{\begin{bmatrix} x_{n-1} \\ y_{n-1} \\ \dot{x}_{n-1} \\ \dot{y}_{n-1} \end{bmatrix}}_{\boldsymbol{x}_{n-1}} + \begin{bmatrix} v_{n,1} \\ v_{n,2} \\ v_{n,3} \\ v_{n,4} \end{bmatrix} \tag{5.18}$$

式中，Δt 为采样时间间隔，$\boldsymbol{v}_n = [v_{n,1}\ v_{n,2}\ v_{n,3}\ v_{n,4}]^{\mathrm{T}}$ 为车辆目标的机动扰动噪声，其均值为零，协方差矩阵 $\boldsymbol{Q}_n$ 为

$$\boldsymbol{Q}_n = \sigma_x^2 \begin{bmatrix} \dfrac{(\Delta t)^3}{3} & 0 & \dfrac{(\Delta t)^2}{2} & 0 \\ 0 & \dfrac{(\Delta t)^3}{3} & 0 & \dfrac{(\Delta t)^2}{2} \\ \dfrac{(\Delta t)^2}{2} & 0 & \Delta t & 0 \\ 0 & \dfrac{(\Delta t)^2}{2} & 0 & \Delta t \end{bmatrix} \tag{5.19}$$

由式 (5.17) 可知，雷达观测得到目标的径向距离 r_n、相对径向速度 $\dot{r}_n$ 及方位角度 θ_n 与目标的位置状态呈非线性关系。考虑观测噪声，式 (5.17) 可重写为如下形式：

$$r_n = \sqrt{x_n^2 + y_n^2} + w_{n,1}$$
$$\dot{r}_n = \frac{x_n \dot{x}_n + y_n \dot{y}_n}{\sqrt{x_n^2 + y_n^2}} + w_{n,2} \tag{5.20}$$
$$\theta_n = \arctan\left(\frac{x_n}{y_n}\right) + w_{n,3}$$

利用一阶泰勒级数展开近似，根据状态变量，其雅可比矩阵为

$$\boldsymbol{H}_n = \begin{bmatrix} \dfrac{\partial r_n}{\partial x_n} & \dfrac{\partial r_n}{\partial y_n} & \dfrac{\partial r_n}{\partial \dot{x}_n} & \dfrac{\partial r_n}{\partial \dot{y}_n} \\ \dfrac{\partial \dot{r}_n}{\partial x_n} & \dfrac{\partial \dot{r}_n}{\partial y_n} & \dfrac{\partial \dot{r}_n}{\partial \dot{x}_n} & \dfrac{\partial \dot{r}_n}{\partial \dot{y}_n} \\ \dfrac{\partial \theta_n}{\partial x_n} & \dfrac{\partial \theta_n}{\partial y_n} & \dfrac{\partial \theta_n}{\partial \dot{x}_n} & \dfrac{\partial \theta_n}{\partial \dot{y}_n} \end{bmatrix} \tag{5.21}$$

经计算化简后可得

$$
\boldsymbol{H}_n = \begin{bmatrix}
\dfrac{x_n}{\sqrt{x_n^2+y_n^2}} & \dfrac{y_n}{\sqrt{x_n^2+y_n^2}} & 0 & 0 \\[4mm]
\dfrac{y_n^2\dot{x}_n - x_n y_n \dot{y}_n}{(x_n^2+y_n^2)^{1.5}} & \dfrac{x_n^2\dot{y}_n - y_n x_n \dot{x}_n}{(x_n^2+y_n^2)^{1.5}} & \dfrac{x_n}{\sqrt{x_n^2+y_n^2}} & \dfrac{y_n}{\sqrt{x_n^2+y_n^2}} \\[4mm]
\dfrac{y_n}{x_n^2+y_n^2} & \dfrac{-x_n}{x_n^2+y_n^2} & 0 & 0
\end{bmatrix} \tag{5.22}
$$

因此，雷达的线性观测方程可近似为

$$
\underbrace{\begin{bmatrix} r_n \\ \dot{r}_n \\ \theta_n \end{bmatrix}}_{\boldsymbol{y}_n} = \underbrace{\begin{bmatrix}
\dfrac{x_n}{\sqrt{x_n^2+y_n^2}} & \dfrac{y_n}{\sqrt{x_n^2+y_n^2}} & 0 & 0 \\[4mm]
\dfrac{y_n^2\dot{x}_n - x_n y_n \dot{y}_n}{(x_n^2+y_n^2)^{1.5}} & \dfrac{x_n^2\dot{y}_n - y_n x_n \dot{x}_n}{(x_n^2+y_n^2)^{1.5}} & \dfrac{x_n}{\sqrt{x_n^2+y_n^2}} & \dfrac{y_n}{\sqrt{x_n^2+y_n^2}} \\[4mm]
\dfrac{y_n}{x_n^2+y_n^2} & \dfrac{-x_n}{x_n^2+y_n^2} & 0 & 0
\end{bmatrix}}_{\boldsymbol{H}_n} \underbrace{\begin{bmatrix} x_n \\ y_n \\ \dot{x}_n \\ \dot{y}_n \end{bmatrix}}_{\boldsymbol{x}_n} + \begin{bmatrix} w_{n,1} \\ w_{n,2} \\ w_{n,3} \end{bmatrix}
$$

$$\tag{5.23}$$

由以上推导，把雷达非线性观测方程近似为线性观测方程，进而就可运用式(5.16)的步骤对雷达检测点进行滤波，实现目标跟踪。

5.3.3 目标关联

雷达观测是实时动态更新的，当前帧处理产生多个目标跟踪点。因此，接下来需要把每帧的目标跟踪点进行关联，使得目标跟踪点匹配为同一目标。根据目标的状态转移方程，可估计外推下一帧的目标位置为

$$
\begin{bmatrix} \widehat{x}_{n+1} \\ \widehat{y}_{n+1} \end{bmatrix} = \begin{bmatrix} 1 & 0 & \Delta t & 0 \\ 0 & 1 & 0 & \Delta t \end{bmatrix} \begin{bmatrix} x_n \\ y_n \\ \dot{x}_n \\ \dot{y}_n \end{bmatrix} \tag{5.24}
$$

如图5-3所示，根据下一帧目标雷达检测点（观测值）进行卡尔曼滤波得到下一帧的目标跟踪点 x_{n+1}, y_{n+1}，同一目标跟踪的关联计算判断如下：

$$(\widehat{x}_{n+1} - x_{n+1})^2 + (\widehat{y}_{n+1} - y_{n+1})^2 < \delta \tag{5.25}$$

式中，δ 为一个与距离相关的参数。

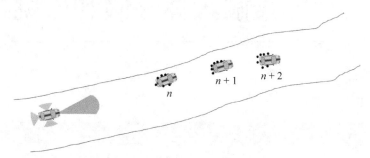

图 5-3　雷达目标跟踪点与前一帧目标跟踪点的关联

根据雷达每一帧的观测数据进行目标检测聚类、目标跟踪、目标关联等循环处理，进而更新目标跟踪池，可对雷达目标进行实时精确跟踪。

习题

1. 高分辨率雷达观测目标产生多个检测点，而低分辨率雷达产生单点目标。这两种情况的目标跟踪有什么区别？

2. 本章讲述了雷达非线性观测的卡尔曼滤波，但目标的状态方程仍是线性方程。当状态为非线性函数转移时，即 $\boldsymbol{x}_n = f(\boldsymbol{x}_{n-1})$，其中 $f()$ 为非线性函数，试分析推导非线性转移函数和非线性观测方程的卡尔曼滤波方程（扩展卡尔曼滤波）。

3. 根据式 (5.18) 及式 (5.23)，编写相关的卡尔曼滤波程序。

第6章

非接触人体呼吸和心跳检测

内容提要	
❑ 非接触检测	❑ 单频连续波雷达
❑ 调频连续波雷达	❑ 干涉相位
❑ 相位解缠	❑ 呼吸和心跳信号分离
❑ 深度学习模型	❑ 人体心电图

　　雷达芯片技术的快速发展促进其在民用领域的新应用。其中，雷达在人体生理信号检测就是一个新兴的领域方向。这个新领域需要生物医学统计、人体信号采集，以及智能识别等交叉方向。目前还没有确定的研究表明小功率的雷达连续波对人体无害，这需要将电磁和医学相结合来分析这个问题。倘若能彻底解决雷达辐射对人体危害影响的问题，那么雷达将广泛改变现有的人体呼吸和心跳检测方法。这涉及的应用主要有：

- 应对人口老龄化，呵护老龄人健康。呼吸和心跳是人体最重要的两个生理指标。微型雷达可实时检测老龄人的心跳和呼吸状态，可对其健康进行实时监测。这对老龄人等特殊人群的居家监测具有重要的帮助。

- 人体疲劳非接触监测。在特殊场景下，对驾驶员、航天员等的疲劳监测，可降低作业人员疲劳作业，提高生产安全。

- 特殊时期的医用监护应用。在特殊的流行病期间，可利用雷达非接触式对患者进行监测，减少相关人员感染的概率。

- 应急抢险中的应用。在特殊灾害期间，可利用机器人携带微型雷达进行生命检测，提高搜救效率。

微波雷达的工作频率范围通常在300MHz~300GHz。在医疗诊断中，常用的微波技术使用的频率通常在1~10GHz。在这个频率范围内，微波可以部分穿透人体的胸腔和肺部组织，并提供有关组织结构和异常病变的信息。

然而，微波对心脏的穿透能力相对较差，因为心脏位于胸腔深处且被肋骨覆盖。微波穿透骨骼组织时会受到较大的阻碍。因此，微波在胸腔和肺部内的穿透深度可能受限，无法直接观察到心脏。尽管无法直接观测心脏，但心脏的跳动会引起人体胸腔皮肤局部的微小振动。由于呼吸频率通常低于心率，因此心脏跳动引起的胸腔表面微动相当于在呼吸引起的运动下进行了局部调制。

需要提醒的是，无论何种情况，使用微波雷达技术都应遵循相关的安全标准和规范，以确保对人体是安全的。这些标准和规范涉及微波功率的限制、辐射的时间和频率等方面，以确保微波的使用对人体健康不会产生不良影响。

6.1 呼吸心跳信号检测原理

图6-1为雷达检测人体呼吸和心跳示意图。根据现有医学研究统计，胸腔随呼吸有3cm的变化幅度[8]，大部分人的心脏随心跳有0.3~1.0cm的舒展收缩的变化幅度[9]。另外，呼吸周期对心脏舒展大小也有一定的影响[10]。考虑人体在静止的情况下，雷达测量人体呼吸和心跳。由于心脏与胸腔连在一起，并且雷达一般无法直接返回心脏部分的回波，心跳引起胸腔表面的局部微小振动，因此雷达在距离上难以区分并提取心跳信息。要提取呼吸和心跳的信息，需用连续波雷达干涉的方法进行检测。连续波雷达可以采用单频或多频连续波雷达。

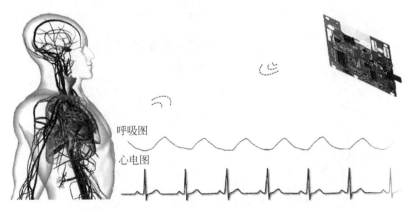

图 6-1 雷达检测人体呼吸和心跳示意图

6.1.1 单频连续波雷达

假设雷达的中心频率为 f_c（对应的波长为 λ），则雷达发射信号为

$$s_T(t) = e^{j2\pi f_c t} \tag{6.1}$$

令人体躯干等静止区域的距离为 R_0，胸腔随呼吸的距离变化为 $R_b(t)$，t 为时间，心脏跳动引起胸腔局部变化为 $R_h(t)$。电磁波作用人体后，后向散射的回波信号可表达成

$$r(t) = a_0 e^{j2\pi f_c\left(t-\frac{2R_0}{c}\right)} + a_1 e^{j2\pi f_c\left(t-\frac{2(R_0+R_b(t))}{c}\right)} + a_2 e^{j2\pi f_c\left(t-\frac{2(R_0+R_h(t))}{c}\right)} \tag{6.2}$$

式中，a_0、a_1、a_2 分别为人体躯干静止区域、胸腔因呼吸和心跳产生的回波幅度，c 为电磁波传播速度。由于横膈膜作用下，胸腔皮肤表层参与呼吸过程，因此这些部位都有相应的回波。然而，心脏引起的胸腔局部微小振动，其RCS比呼吸相关的RCS小得多，不难得出 $a_1 \gg a_2$。

回波信号与发射信号进行混频（干涉）与低通滤波后，信号可表达为

$$s(t) = b_0 e^{\frac{-j4\pi R_0}{\lambda}} + b_1 e^{\frac{-j4\pi(R_0+R_b(t))}{\lambda}} + b_2 e^{\frac{-j4\pi(R_0+R_h(t))}{\lambda}} \tag{6.3}$$

式中，b_0、b_1、b_2 分别为人体躯干静止区域、胸腔因呼吸和心跳产生的基带信号幅度，同样 $b_1 \gg b_2$。

6.1.2 调频连续波雷达

调频连续波雷达作用人体过程信号推导与单频连续波雷达相似。假设雷达的中心频率为 f_c（对应的波长为 λ），信号的调频率为 k_r，信号的扫描周期为 T，则雷达发射信号为

$$s_T(t) = e^{j(2\pi f_c t + \pi k_r t^2)} \tag{6.4}$$

电磁波作用人体后，第 n 个扫描周期的后向散射的回波信号可表达成

$$r(t,nT) = a_0 e^{j(2\pi f_c(t-\frac{2R_0}{c})+\pi k_r(t-\frac{2R_0}{c})^2)} +$$
$$a_1 e^{j(2\pi f_c(t-\frac{2(R_0+R_b(nT))}{c})+\pi k_r(t-\frac{2(R_0+R_b(nT))}{c})^2)} +$$
$$a_2 e^{j(2\pi f_c(t-\frac{2(R_0+R_h(nT))}{c})+\pi k_r(t-\frac{2(R_0+R_h(nT))}{c})^2)} \tag{6.5}$$

回波信号与发射信号进行混频（干涉）与低通滤波后，信号可表达为

$$s(t,nT) \approx b_0 e^{-\frac{j4\pi R_0}{\lambda}-\frac{j4\pi k_r R_0}{c}t} + b_1 e^{-\frac{j4\pi(R_0+R_b(nT))}{\lambda}-\frac{j4\pi k_r(R_0+R_b(nT))}{c}t} +$$
$$b_2 e^{-\frac{j4\pi(R_0+R_h(nT))}{\lambda}-\frac{j4\pi k_r(R_0+R_h(nT))}{c}t} \tag{6.6}$$

式中，b_0、b_1、b_2 分别为人体躯干静止区域、胸腔因呼吸和心跳产生对应的基带信号幅度，同样 $b_1 \gg b_2$。

对式 (6.6) 在快时间域进行傅里叶变换，可得

$$
\begin{aligned}
s(f_r, nT) = & b_0 T \operatorname{sinc}\left[\pi(f_r - \frac{2k_r R_0}{c})T\right] \mathrm{e}^{-\frac{\mathrm{j}4\pi R_0}{\lambda}} + \\
& b_1 T \operatorname{sinc}\left[\pi(f_r - \frac{2k_r(R_0 + R_b(nT))}{c})T\right] \mathrm{e}^{-\frac{\mathrm{j}4\pi(R_0 + R_b(nT))}{\lambda}} + \\
& b_2 T \operatorname{sinc}\left[\pi(f_r - \frac{2k_r(R_0 + R_h(nT))}{c})T\right] \mathrm{e}^{-\frac{\mathrm{j}4\pi(R_0 + R_h(nT))}{\lambda}}
\end{aligned}
\tag{6.7}
$$

由式 (6.7) 可知，该数据包含了呼吸和心跳的距离和相位信息。如果雷达的距离分辨率与肺部胸腔的尺寸相当，那么人体躯干静止区域、胸腔因呼吸和心跳产生位移将落入同一个距离单元内。因此，距离首先定位到 R_0 距离单元位置，然后再提取每扫描周期的 R_0 距离单元的慢时间数据。

6.2 呼吸和心跳检测处理

6.2.1 去直流偏置

由式 (6.3) 和式 (6.7) 可知，基带信号第一项为直流信号，因此需要消除静止区域产生的直流偏置。由傅里叶变换性质可知，直流信号为频率为零的傅里叶系数，因此原基带信号减去直流分量的傅里叶系数可消除直流偏置，进而雷达基带信号可表达为

$$
s(t) = b_1 \mathrm{e}^{-\frac{\mathrm{j}4\pi(R_0 + R_b(t))}{\lambda}} + b_2 \mathrm{e}^{-\frac{\mathrm{j}4\pi(R_0 + R_h(t))}{\lambda}}
$$

$$
\begin{aligned}
s(f_r, nT) = & b_1 T \operatorname{sinc}\left[\pi(f_r - \frac{2k_r(R_0 + R_b(nT))}{c})T\right] \mathrm{e}^{-\frac{\mathrm{j}4\pi(R_0 + R_b(nT))}{\lambda}} + \\
& b_2 T \operatorname{sinc}\left[\pi(f_r - \frac{2k_r(R_0 + R_h(nT))}{c})T\right] \mathrm{e}^{-\frac{\mathrm{j}4\pi(R_0 + R_h(nT))}{\lambda}}
\end{aligned}
\tag{6.8}
$$

6.2.2 相位解缠

由式 (6.8) 可知，呼吸和心跳信息调制在信号的信号中，因此需要提取信号的相位信息。相位信息 $p(t)$ 可以由信号的实部 $I(t)$ 及虚部 $Q(t)$ 之间的函数关系求导，具体为

$$
p(t) = \arctan\left(\frac{Q(t)}{I(t)}\right)
\tag{6.9}
$$

式中，arctan()为反正切函数。由于反正切函数得到角度以2π为周期折叠缠绕，因此需要把相位解缠，具体解缠运算如下：

$$p(t) = p(t) - \pi, \ (p(t) - p(t-1)) > 0.75\pi$$
$$p(t) = p(t) + \pi, \ (p(t) - p(t-1)) < -0.75\pi$$

(6.10)

图6-2为一个相位解缠前后的例子。

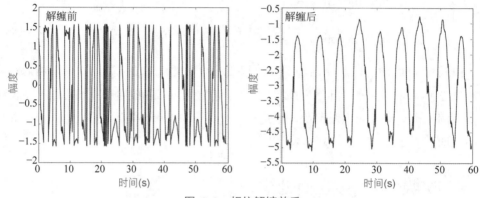

图 6-2　相位解缠前后

6.2.3　信号分离

解缠后的相位包含呼吸和心跳信息。为了进一步分析呼吸率和心率，需针对相位信号分离呼吸和心跳信号。由于呼吸频率范围低于心跳频率范围，因此设计两个带通滤波器组对信号进行滤波就可得到呼吸和心跳信号。图6-3中，带通滤波器1为呼吸信号的滤波器，通带频率范围为0.1～0.5Hz；带通滤波器2为心跳信号的滤波器，通带频率范围为0.8～2.0Hz。运用这两个带通滤波器对解缠后的相位信号进行滤波，可分离得到呼吸和心跳信号，如图6-4所示。

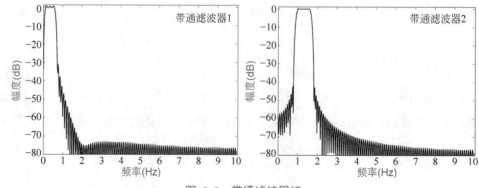

图 6-3　带通滤波器组

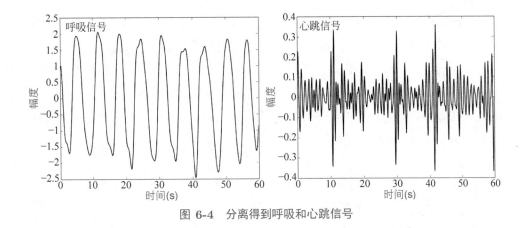

图 6-4　分离得到呼吸和心跳信号

6.3　基于深度学习的人体心电图非接触测量

传统的心电图（Electrocardiogram，ECG）是通过在人体皮肤上以电极接触的方式测量心脏电活动。而采用雷达非接触方式测量人体心电图，不仅能实现令人惊叹的医疗监测效果，还具有重大的意义。这一技术将在应对人口老龄化、大众健康监测以及特殊时期的非接触监测等方面具有里程碑式的意义，主要体现在以下几方面。

- 实现远程监测：传统心电图测量方法需要将电极接触式地放置在人体皮肤上，而非接触式雷达测量方法能实现对人体的远程监测，无须直接接触皮肤。这对于人口老龄化和特殊人群（如行动不便的老年人或病患）的医疗监测具有重要意义，能方便地进行长期监测和远程护理。

- 提高便捷性和舒适度：传统心电图测量需要在人体皮肤上放置多个电极，可能引起不适或不方便。利用雷达进行心电图测量可以避免这些问题，提高了测量的便捷性和舒适度。这对于特殊人群或需要频繁进行心电图监测的患者来说尤为重要，能减轻他们的不便和不适。

- 穿透遮挡物：毫米波雷达在测量过程中具有较好的穿透性能，能穿透衣物和其他遮挡物，实现对人体心电图的测量。这使得雷达测量方法更具适应性和实用性，可以在不干扰日常生活的情况下进行监测。

如图6-5所示，雷达测量的信号与人体ECG信号的差异较大。那么，如何实现雷达非接触测量人体心电图呢？通过测量呼吸和心跳微动，毫米波雷达可以获取到雷达干涉相位信号。同时，医用接触式心电图传感器可以记录人体的心电波形，将其作为

ECG 的参考信号。通过建立深度学习模型，可以对雷达干涉相位信号进行处理，从而提取出人体的 ECG 波形。在深度学习模型训练阶段，通过将毫米波雷达和医用心电图传感器结合起来，同时采集人体的雷达干涉相位和心电波形数据，形成训练数据集，随后设计深度学习模型，并采用相关的优化方法对模型进行训练和优化。最后，利用测试集对模型进行评估，并应用经过优化的深度学习模型对雷达干涉相位信息进行处理，从而获得人体的 ECG 波形。

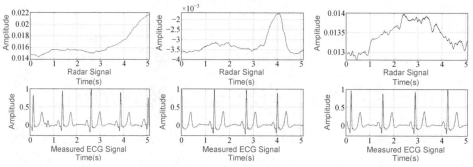

图 6-5　雷达测量人体呼吸心跳信号与 ECG 信号对比

6.3.1　人工神经网络

深度学习模型是一类基于人工神经网络的机器学习模型，由多个神经网络层组成，每层都包含大量的神经元。这些模型能通过对大规模数据的训练自动学习并提取输入数据中的复杂特征，用于分类、回归、生成等任务。

如图6-6所示，神经网络的基本组成部分是神经元。在前馈神经网络中，神经元的值可如下计算：

$$Y = \sum_{i=1}^{m} (x_i * w_i) + b \tag{6.11}$$

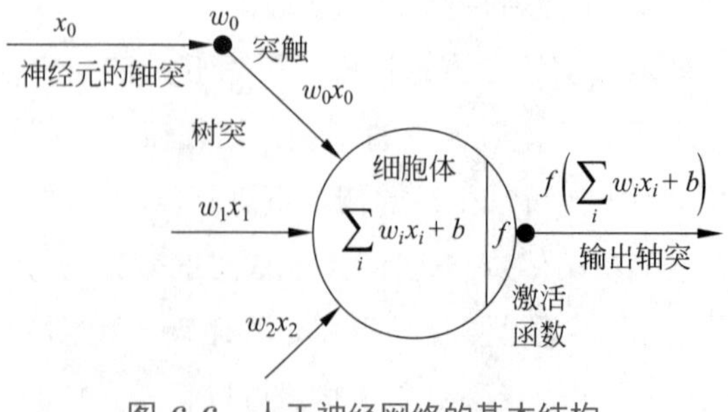

图 6-6　人工神经网络的基本结构

式中, x_i 是输入特征, w_i 是权重, b 是神经元的偏置。然后, 在每个神经元的值上应用激活函数 f, 并决定神经元是否处于激活状态:

$$\text{output} = f(Y) \tag{6.12}$$

6.3.2 激活函数

激活函数是单变量和非线性的, 因为具有线性激活函数的网络等效于仅具有线性回归模型。由于激活函数的非线性特性, 神经网络可以捕获复杂的语义结构并实现高性能。

Sigmoid 激活函数 (也称为逻辑函数) 接受任何实数值作为输入, 并输出范围在 $(0, 1)$ 的值。它的计算如下所示:

$$s(x) = \frac{1}{1 + e^{-x}} \tag{6.13}$$

其中, x 是神经元的输出值。

由图6-7可知, Sigmoid 函数是非线性的, 并将神经元的值限制在范围 (0,1) 内。Sigmoid 函数倾向将输入值推向曲线的两端 (0 或 1), 因为它是 S 形状。在靠近零的区域, 如果稍微改变输入值, 则相应的输出变化非常大, 反之亦然。对于小于 −5 的输入, 函数的输出几乎为 0, 而对于大于 5 的输入, 输出几乎为 1。当输出值接近 1 时, 神经元处于激活状态, 并启用信息流动, 而接近 0 的值对应非活动神经元。

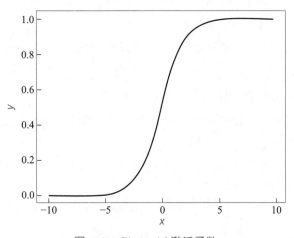

图 6-7 Sigmoid 激活函数

Sigmoid 激活函数的输出也可被解释为概率, 因为它位于 [0,1] 范围, 这就是为什么它也用于设计预测任务的输出神经元。

另一个常见的激活函数是双曲正切函数，简称tanh函数，其输入与输出响应波形如图6-8所示。它的计算方法如下：

$$\tanh(x) = \frac{e^x - e^{-x}}{e^x + e^{-x}} = \frac{1 - e^{-2x}}{1 + e^{-2x}}$$
$$= \frac{2 - (1 + e^{-2x})}{1 + e^{-2x}} = \frac{2}{1 + e^{-2x}} - 1 = 2s(2x) - 1 \tag{6.14}$$

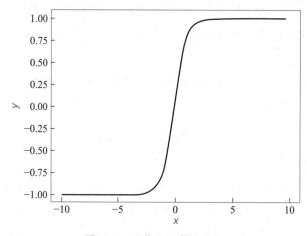

图 6-8 双曲正切激活函数

经对比可以发现，tanh函数是Sigmoid函数的平移和拉伸版本。tanh函数的输出范围是$(-1,1)$，并且与Sigmoid函数有相似的行为。它们的主要区别在于，tanh函数将输入值推向了1和-1，而不是1和0。

以上两种激活函数都可学习复杂的网络结构，因此广泛应用于神经网络中。这两个激活函数都属于S形函数，可以将输入值压缩到有界范围，这有助于网络保持其权重有界，并防止梯度爆炸问题，即梯度值变得非常大的问题。

相比而言，这两个函数的一个重要区别是它们的梯度行为。Sigmoid函数与双曲正切激活函数的梯度分别为

$$\frac{ds(x)}{dx} = s(x)(1 - s(x))$$
$$\frac{d\tanh(x)}{dx} = 1 - \tanh^2(x) \tag{6.15}$$

图6-9为Sigmoid函数与双曲正切激活函数梯度对比。

另外，线性整流函数（Rectified Linear Unit, ReLU）是深度学习中常用的一种激活函数，其定义为

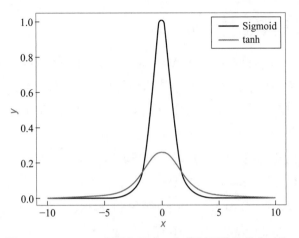

图 6-9 Sigmoid 函数与双曲正切激活函数的梯度对比

$$f(x) = \max(0, x) \tag{6.16}$$

其中，x 是输入值，$f(x)$ 是对应的输出值。

ReLU 函数的特点在于，当输入值大于 0 时，输出值等于输入值；而当输入值小于或等于 0 时，输出值为 0。这意味着，ReLU 将负数部分直接截断为 0，而对于正数部分，则保持线性关系。ReLU 函数具有以下特点。

- 非线性特性：ReLU 函数是非线性的，这使得深度神经网络能学习更加复杂的模式和特征。

- 稀疏激活性：由于 ReLU 在负数部分输出为 0，它可以激活网络中的部分神经元，使得网络变得更加稀疏。这有助于减少模型中的参数数量，提高模型的计算效率和泛化能力。

- 抑制梯度消失：相比于其他激活函数，ReLU 函数对于梯度的传播更加稳定，这有助于减轻深层网络中的梯度消失问题，使得网络能更好地进行反向传播和优化。

- 计算简单：ReLU 函数的计算非常简单，只比较输入值与 0 的大小即可，这使得 ReLU 在实际应用中具有较高的计算效率。

尽管 ReLU 函数有许多优点，但也存在一些注意事项。ReLU 函数的主要缺点是可能出现"死亡神经元"问题，即某些神经元在训练过程中永远不会被激活。为了解决这个问题，可以使用一些改进的变体，如 Leaky ReLU、Parametric ReLU 等。

6.3.3　长短期记忆网络

长短期记忆（Long Short-Term Memory，LSTM）网络是一种时间循环神经网络，用于处理和建模序列数据。它通过引入记忆单元和门控机制，可以更好地捕捉和处理长期依赖性。LSTM单元是LSTM网络的基本构建块。每个LSTM单元由以下组件组成。

- 输入门（Input Gate）：决定是否将当前输入信息纳入记忆。
- 遗忘门（Forget Gate）：决定是否保留先前的记忆。
- 输出门（Output Gate）：决定当前时刻的输出。
- 记忆单元（Cell State）：负责存储和传递信息。

LSTM单元的计算过程如下：

$$
\begin{aligned}
f_t &= \sigma(W_f \cdot [h_{t-1}, x_t] + b_f) \\
i_t &= \sigma(W_i \cdot [h_{t-1}, x_t] + b_i) \\
o_t &= \sigma(W_o \cdot [h_{t-1}, x_t] + b_o) \\
\tilde{C}t &= \tanh(W_C \cdot [ht-1, x_t] + b_C) \\
C_t &= f_t \cdot C_{t-1} + i_t \cdot \tilde{C}_t \\
h_t &= o_t \cdot \tanh(C_t)
\end{aligned}
\tag{6.17}
$$

其中，x_t 是当前时刻的输入，h_t 是当前时刻的隐藏状态，C_t 是当前时刻的记忆单元状态，σ 表示 Sigmoid 函数，$\boldsymbol{W}$ 和 $\boldsymbol{b}$ 是参数矩阵和偏置向量。

LSTM网络由多个LSTM单元按时间顺序连接而成。在每个时间步进上，LSTM单元接收当前输入和上一时刻的隐藏状态，并输出当前时刻的隐藏状态和记忆单元状态。

假设有一个时间序列 $\boldsymbol{X} = [x_1, x_2, \cdots, x_T]$ 输入LSTM网络，则其内部的计算过程如下：

$$
\begin{aligned}
h_0 &= 0 \quad \text{（初始化隐藏状态）} \\
C_0 &= 0 \quad \text{（初始化记忆单元状态）} \\
&\text{for } t = 1 \text{ to } T: \\
h_t, C_t &= \text{LSTM}(x_t, h_{t-1}, C_{t-1})
\end{aligned}
\tag{6.18}
$$

其中，h_t 是每个时间步进的隐藏状态，C_t 是每个时间步进的记忆单元状态。

6.3.4 离散小波多分辨分析

建立深度学习模型前,需对雷达信号进行特征提取,捕捉信号的关键信息,降低数据的维度和冗余度,以提高神经网络模型的训练效率与性能。特征提取的目的是获取与输入和输出高度相关的关键信息,从而为模型提供关键的输入数据。通过特征提取处理不仅能够提升模型的训练效率,还能显著提高模型的估计精度。考虑到ECG信号的有效信息存在于一定的频率范围内,使用小波分析进行雷达信号的分解,获取其多分辨率分析(Multiresolution Analysis, MRA)作为特征。最大重叠离散小波变换(Maximal Overlap Discrete Wavelet Transform,MODWT)是一种小波变换方法,用于将信号分解成不同尺度的频带。与传统的离散小波变换(Discrete Wavelet Transform,DWT)不同,MODWT具有最大重叠的特点,可以提供更多的频带信息。MODWT通过在不同尺度上应用小波滤波器来分解信号。每个尺度的小波滤波器都有重叠部分,这意味着每个尺度的分解结果都包含了前后相邻尺度的信息。这种重叠可以提供更好的时间和频率分辨率。

如图6-10所示,通过MODWT多分辨分解得到的雷达信号的一些分量,例如第4级分量,与测得的心电图信号具有类似的周期性模式。同时,一些分量几乎完全包含噪声。受此启发,将MODWT层引入深度学习模型中可提高信号特征提取性能。

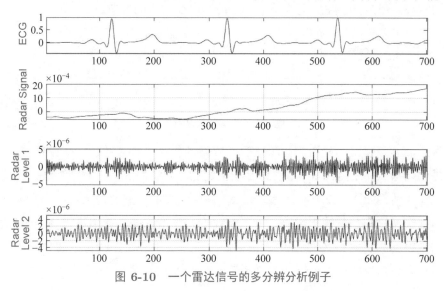

图 6-10 一个雷达信号的多分辨分析例子

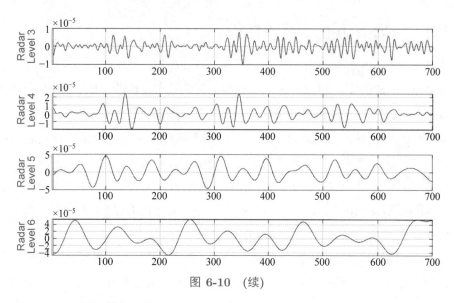

图 6-10　(续)

6.3.5　深度学习模型

如图6-11所示，本节介绍的深度学习模型由小波多分辨分析层、多个卷积层、LSTM层和回归输出层等组成。小波多分辨分析层用于提取雷达信号的特征，卷积层用于对信号进行滤波。接着，卷积自编码器消除了大部分高频噪声，并捕捉了整个信号的特征。最后，LSTM网络层进一步精细捕捉信号的细节。

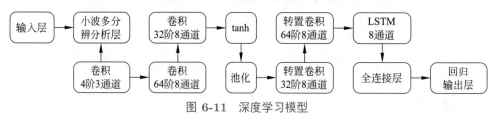

图 6-11　深度学习模型

为了训练该模型，使用雷达测量的人体信号和真实ECG信号形成的数据集进行迭代优化训练，并采用Adam方法进行模型优化。训练完成后，对训练好的模型进行验证。验证结果如图6-12所示。为了对比，图中添加的第三列是未使用小波多分辨分析层的神经网络模型的输出结果。为了客观量化模型性能，使用模型输出的ECG波形与测量得到的真实ECG进行均方根误差分析。结果表明，结合小波分析和深度学习模型，可以有效地从雷达信号中间接反演人体ECG信号波形。

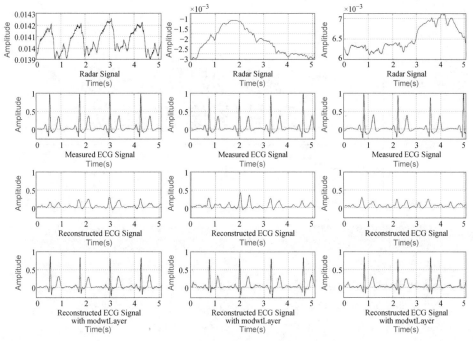

图 6-12 深度学习模型的 ECG 估计结果

习题

1. 分析单频连续波雷达与多频连续波雷达检测人体生理信号的异同点。

2. 与呼吸信号相比，心跳信号强度小得多。试分析从雷达干涉相位信号里检测心跳信号的可能性。

3. 根据提供的雷达 IQ 复数数据，编程实现去除信号的直流偏置、相位解缠以及人体呼吸和心跳信号的分离。

第 7 章　毫米波雷达成像及其图像理解应用

7.1　毫米波雷达成像方法

7.1.1　毫米波雷达合成孔径成像概述

毫米波 FMCW 芯片级的雷达主要用于短距离遥感。因此，市场主流的毫米波 FMCW 雷达芯片采用去斜处理以实现目标在距离方向上的成像压缩。相比而言，常规 LFM 信号体制的合成孔径雷达通过脉冲压缩方式实现距离向目标成像。因此，常规 SAR 的成像方法不能直接应用于毫米波 FMCW 雷达短距离成像，特别是调频率变标成像方法是无法适用的。为满足毫米波 FMCW 雷达在短距离遥感成像的紧迫需求，本节提出 3 种成像方法：距离多普勒成像方法、波数域方法以及后向投影方法。

如图 7-1 所示，雷达通过平台的移动对目标观测，在方位向上形成大的合成天线孔径。理论上，方位上的分辨率可达天线有效孔径尺寸的一半。在平台移动过程中，目标与雷达之间的斜距发生变化。这一现象通常被称为距离单元走动。成像在于对目标的距离单元走动进行校正，并补偿距离和方位之间耦合的误差，进而实现目标能量的聚焦。

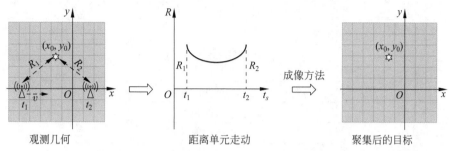

图 7-1 毫米波 FMCW 雷达成像示意图

具体来说，距离多普勒成像方法的主要思路是将雷达的二维信号从时域变换到二维频域中，再对目标的距离单元走动进行校正。波数域成像方法的核心是将目标变换到二维波数域中，再通过 Stolt 插值技术实现目标的聚焦。后向投影方法考虑所有回波数据信息，在网格上根据目标回波的相位信息进行匹配滤波叠加。

这 3 种成像方法各有优缺点，选择适合实际应用的成像方法取决于具体的应用场景和相关性能指标要求，以及相关的雷达系统设计。同时，在实际应用中可能需要对算法进行优化与改进，以满足特定需求。

表 7-1 给出了成像公式推导过程中常用的量符号及其含义。另外，为了表达简洁，接下来的成像方法推导没有考虑天线方向图、频域变换等因素所引起的信号幅度变化。如果需要进行后续相关的辐射定标，则须考虑计算信号幅度的变化。

表 7-1 成像方法常用的量符号及其含义

量 符 号	含 义
c	光速
v	雷达平台移动速度
B	信号带宽
T	扫描周期
T_s	LFM 信号的脉冲重复周期
β	调频率
f_c	中心频率
τ	快时间
m	快时间域的第 m 个采样
t_s	慢时间
n	慢时间域的 n 个采样

量 符 号	含 义
$R(\tau, t_s)$	斜距
$r(\tau, t_s)$	原始数据
(x_0, y_0)	目标位置
f_0	目标的位置延迟对应的频率
f_τ	距离向频率
f_η	多普勒频率
κ_r	距离向波数
κ_x	方位向波数
$\kappa_y = \sqrt{\kappa_r^2 - \kappa_x^2}$	距离向空变波数
$I(x_0, y_0)$	在位置 (x_0, y_0) 的复数像素值

7.1.2 距离多普勒成像方法

假设发射信号的脉冲重复时间为 T_s，信号的脉冲宽度为 T，信号带宽 $B = \beta T$，则 LFM 脉冲雷达发射波形可表达为

$$s(\tau) = \mathrm{e}^{\mathrm{j}2\pi f_c \tau + \mathrm{j}\pi\beta\tau^2}, \quad -T/2 < \tau < T/2 \tag{7.1}$$

其中，$\mathrm{j} = \sqrt{-1}$。

目标与雷达之间存在双程距离的传播时延，记为 τ_d。对目标回波进行下变频去斜处理，得到基带信号

$$s_r(\tau) = s(\tau - t_d)s^*(\tau) = \mathrm{e}^{-\mathrm{j}2\pi f_c t_d - \mathrm{j}2\pi\beta\tau t_d + \mathrm{j}\pi\beta t_d^2} \tag{7.2}$$

由于雷达平台的移动速度 v 在第 n 个观测周期，其位置为 $x = v\tau + vnT_s = v\tau + vt_s$，这里把慢时间定义为 $t_s = nT_s$。

对于 LFM 雷达短距离成像，$T < T_s$，目标延时 $\tau \ll T_s$，因此雷达观测过程可假设为"停-走"模型。对于位于 $(0, y_0)$ 处的雷达目标，其斜距 $R(t_s)$ 随慢时间的变化计算为

$$R(t_s) = \sqrt{y_0^2 + x^2} = \sqrt{y_0^2 + v^2 t_s^2} \tag{7.3}$$

式中，时延 $t_d = \dfrac{2R(t_s)}{c}$。

进一步地，式 (7.3) 可表达为

$$s_r(\tau, t_s) = \mathrm{e}^{-\mathrm{j}4\pi(f_c \frac{R(t_s)}{c} + \beta\tau \frac{R(t_s)}{c})} \mathrm{e}^{\mathrm{j}4\pi\beta \frac{R^2(t_s)}{c^2}} \tag{7.4}$$

由式 (7.4) 可知，目标的距离产生的时延所对应的目标信号频率 f_0 为

$$f_0 = 2\beta \frac{R(t_s)}{c} \tag{7.5}$$

于是有

$$R(t_s) = \frac{cf_0}{2\beta} \tag{7.6}$$

进而式 (7.4) 可表达为

$$s_r(\tau, t_s, f_0) = e^{-j2\pi f_0(\frac{f_c}{\beta}+\tau)} e^{j\pi \frac{f_0^2}{\beta}}, \quad -T/2 < \tau < T/2 \tag{7.7}$$

对上述方程关于快时间 τ 应用傅里叶变换，可得

$$S_r(f_\tau, t_s, f_0) = T \mathrm{sinc}(\pi(f_\tau + f_0)T) e^{-j2\pi f_0 \frac{f_c}{\beta}} e^{j\pi \frac{f_0^2}{\beta}} \tag{7.8}$$

其中，$\mathrm{sinc}(x) = \dfrac{\sin(x)}{x}$。

观测式 (7.8) 可见，最后一个指数项的相位残留误差可以通过乘以校正项来移除 $e^{-j\pi \frac{f_0^2}{\beta}}$。在实际场景中，只有存在目标时才会有回波信号；当没有目标时，信号会变成噪声。因此，这种去除距离向残留相位的方法是可行的。

然后对上述信号应用傅里叶逆变换，快时间和慢时间的二维雷达信号可写成

$$s_r(\tau, t_s) = e^{-j\frac{4\pi}{c}(f_c+\beta\tau)R(\tau, t_s)} \tag{7.9}$$

将式 (7.3) 代入式 (7.9)，可得

$$s_r(\tau, t_s) = e^{-j\frac{4\pi}{c}(f_c+\beta\tau)\sqrt{y_0^2+(vt_s)^2}} \tag{7.10}$$

对信号在距离向进行快时间域的傅里叶变换，得

$$\begin{aligned} S_r(f_\tau, t_s) &= \int s_r(\tau, t_s) e^{-j2\pi f_\tau \tau} d\tau \\ &= T\mathrm{sinc}\left(\pi\left(f_\tau + 2\beta \frac{\sqrt{y_0^2+(vt_s)^2}}{c}\right)T\right) e^{-j\frac{4\pi}{\lambda}\sqrt{y_0^2+(vt_s)^2}} \end{aligned} \tag{7.11}$$

接着再对 $S_r(f_\tau, t_s)$ 在方位向进行慢时间域傅里叶变换，得到距离多普勒域信号

$$S_{rd}(f_\tau, f_\eta) = \int S_r(f_\tau, t_s) e^{-j2\pi f_\eta t_s} dt_s \tag{7.12}$$

式中，被积函数的相位为

$$\theta(t_s) = -\frac{4\pi}{\lambda}\sqrt{y_0^2+(vt_s)^2} - 2\pi f_\eta t_s \tag{7.13}$$

对 $\theta(t_s)$ 关于 t_s 求导，得到

$$\frac{\theta(t_s)}{dt_s} = -\frac{4\pi}{\lambda}\frac{v^2 t_s}{\sqrt{y_0^2+(vt_s)^2}} - 2\pi f_\eta \tag{7.14}$$

运用驻定相位原理，计算式 (7.14) 导数为零时，慢时间与频率的对应关系为

$$t_s = -\frac{f_\eta \lambda y_0}{v\sqrt{4v^2 - f_\eta^2 \lambda^2}} \tag{7.15}$$

把式 (7.15) 代入式 (7.12)，经化简可得

$$
\begin{aligned}
S_{rd}(f_\tau, f_\eta) &= T\mathrm{sinc}\left(\pi\left(f_\tau + \frac{2y_0\beta}{c}\frac{2v}{\sqrt{4v^2 - f_\eta^2\lambda^2}}\right)T\right)\mathrm{e}^{-\mathrm{j}\frac{2\pi y_0}{\lambda v}\sqrt{4v^2 - f_\eta^2\lambda^2}} \\
&= T\mathrm{sinc}\left(\pi\left(f_\tau + \frac{2y_0\beta}{c\sqrt{1 - \frac{f_\eta^2\lambda^2}{4v^2}}}\right)T\right)\mathrm{e}^{-\mathrm{j}\frac{4\pi y_0}{\lambda}\sqrt{1 - \frac{f_\eta^2\lambda^2}{4v^2}}}
\end{aligned}
\tag{7.16}
$$

在距离多普勒域中，目标的距离单元走动的量可计算为

$$
\begin{aligned}
\Delta f_{\mathrm{RCMC}}^\tau &= f_\tau(y_0, f_\eta) - f_\tau(y_0, 0) = \frac{2y_0\beta}{c\sqrt{1 - \frac{f_\eta^2\lambda^2}{4v^2}}} - \frac{2y_0\beta}{c} \\
&= \frac{2\beta y_0}{c}\left(\frac{1}{\sqrt{1 - \frac{f_\eta^2\lambda^2}{4v^2}}} - 1\right)
\end{aligned}
\tag{7.17}
$$

这里采用 sinc 插值的方法，对距离走动进行校正。经过距离单元走动校正后，信号可表示为

$$S_{rd}(f_\tau, f_\eta) = T\mathrm{sinc}\left(\pi\left(f_\tau + \frac{2y_0\beta}{c}\right)T\right)\mathrm{e}^{-\mathrm{j}\frac{4\pi y_0}{\lambda}\sqrt{1 - \frac{f_\eta^2\lambda^2}{4v^2}}} \tag{7.18}$$

图 7-2 为一个距离单元走动校正前后对比的例子。

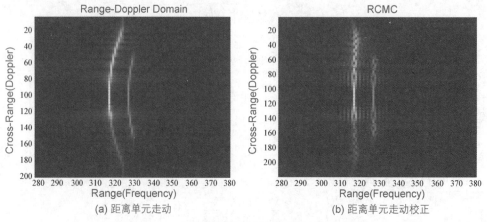

(a) 距离单元走动   (b) 距离单元走动校正

图 7-2　一个距离单元走动校正前后对比的例子

接着对式 (7.16) 进行方位匹配相位滤波。匹配相位滤波器定义为

$$H_{az}(f_\eta) = e^{j\frac{4\pi y_0}{\lambda}\sqrt{1-\frac{f_\eta^2\lambda^2}{4v^2}}} \tag{7.19}$$

最后，通过对方位向进行傅里叶逆变换，位于 $(0, y_0)$ 处的雷达目标聚焦后的信号可表示为

$$S_{rd}(f_\tau, \eta) = TT_\eta\text{sinc}\left(\pi\left(f_\tau + \frac{2y_0\beta}{c}\right)\text{sinc}(T_\eta\eta)\right) \tag{7.20}$$

7.1.3　波数域成像方法

与 LFM 脉冲雷达相比，FMCW 雷达发射信号的占空比为 0，即 $T = T_s$。因此，推导距离多普勒域成像算法的"停-走"假设在 FMCW 雷达中不再成立。雷达位置需要考虑快时间产生的移动。在第 n 个观测周期，雷达的位置为 $x = v\tau + v(n-1)T = v\tau + vt_s$。雷达距离位于 (x_0, y_0) 处的目标的距离 $R(\tau, t_s)$ 随慢时间和快时间的变化为

$$R(\tau, t_s) = \sqrt{y_0^2 + (x_0 - x)^2} = \sqrt{y_0^2 + (x_0 - v\tau - vt_s)^2} \tag{7.21}$$

因距离向的相位补偿推导过程与 LFM 雷达距离多普勒成像方法相似，所以这里只写出距离向快时间残留相位补偿后的二维信号

$$s_r(\tau, t_s) = e^{-j\frac{4\pi}{c}(f_c+\beta\tau)\sqrt{y_0^2+(x_0-v\tau-vt_s)^2}} \tag{7.22}$$

观察上述方程中的 $\beta\tau$ 乘积项，它很巧妙地表示了快时间域对应的信号距离向频率，其定义为

$$f_\tau = \beta\tau \tag{7.23}$$

把式 (7.23) 代入式 (7.22)，可得

$$s_r(f_\tau, t_s) = e^{-j\frac{4\pi}{c}(f_c+f_\tau)\sqrt{y_0^2+(x_0-vf_\tau/\beta-vt_s)^2}} \tag{7.24}$$

进而距离向的波数定义为

$$\kappa_r = \kappa_c + \kappa_\tau \tag{7.25}$$

其中，$\kappa_c = \dfrac{4\pi f_c}{c}, \kappa_\tau = \dfrac{4\pi f_\tau}{c}$。

进而，式 (7.24) 可化简成

$$S_r(\kappa_r, \kappa_x) = e^{-j\sqrt{\kappa_r^2-\kappa_x^2}y_0 - j\kappa_x x_0}e^{j\frac{cv\kappa_x\kappa_\tau}{4\pi\beta}} \tag{7.26}$$

观测式 (7.26)，其最后一个指数项可乘以式 (7.27) 定义的校正项进行抵消

$$e^{-j\frac{cv\kappa_x\kappa_\tau}{4\pi\beta}} \tag{7.27}$$

进而可得

$$S_r(\kappa_r, \kappa_x) = \mathrm{e}^{-\mathrm{j}\sqrt{\kappa_r^2 - \kappa_x^2}\, y_0 - \mathrm{j}\kappa_x x_0} \tag{7.28}$$

这里定义新的距离向波数为 $\kappa_y = \sqrt{\kappa_r^2 - \kappa_x^2}$，也称为 Stolt 插值。通过插值后，方程式 (7.28) 化简成

$$S_r(\kappa_y, \kappa_x) = \mathrm{e}^{-\mathrm{j}\kappa_y y_0 - \mathrm{j}\kappa_x x_0} \tag{7.29}$$

最后对信号进行二维傅里叶变换，即得到聚焦后的目标。

7.1.4 后向投影成像方法

后向投影成像来源于医学上的计算机断层扫描技术，它是一种通过将大量 X 射线投射经过人体组织后所接收到的信号进行逆向重构的方法。这种技术的基本原理是将在多个不同角度上获取的 X 射线投影信号进行累加得到聚焦后的图像。

虽然后向投影成像的计算量大，但能获得高质量的成像结果。另外，这种方法适用于不同的发射信号形式，同时也适用于 LFM 与 FMCW 雷达成像。

考虑重写式 (7.3) 为

$$R(t_s) = \sqrt{y_0^2 + (x_0 - v(n-1)T_s)^2} \tag{7.30}$$

其中，n 表示慢时间域的第 n 个采样。

在一个扫描周期内以频率 f_s 采样得到 M 个采样点，进而回波可表达为

$$s_r(n, m) = \mathrm{e}^{-\mathrm{j}\frac{4\pi}{c}(f_c + \beta m/f_s)\sqrt{y_0^2 + (x_0 - v(n-1)T_s)^2}} \tag{7.31}$$

其中，m 表示快时间域的第 m 个采样。

对位于 (x_0, y_0) 的目标，通过与其自身的波形进行匹配滤波运算，即

$$I(x_0, y_0) = \sum_n \sum_m s_r(n, m) \mathrm{e}^{\mathrm{j}\frac{4\pi}{c}(f_c + \beta m/f_s)\sqrt{y_0^2 + (x_0 - v(n-1)T_s)^2}} \tag{7.32}$$

根据上述方程可知，聚焦一个目标像素需要 $N \times M$ 次乘法和加法运算。为了降低算法的运算量，可利用 FFT 计算匹配滤波：

$$
\begin{aligned}
I(x_0, y_0) &= \sum_{n=0}^{N-1} \mathrm{e}^{\mathrm{j}\frac{4\pi}{\lambda}\sqrt{y_0^2 + (x_0 - v(n-1)T_s)^2}} \sum_{m=0}^{M-1} s_r(n, m) \times \mathrm{e}^{\mathrm{j}\frac{4\pi\beta m}{f_s c}\sqrt{y_0^2 + (x_0 - v(n-1)T_s)^2}} \\
&= \sum_{n=0}^{N-1} \mathrm{e}^{\mathrm{j}\frac{4\pi}{\lambda}\sqrt{y_0^2 + (x_0 - v(n-1)T_s)^2}} \sum_{m=0}^{M-1} s_r(n, m) \times \mathrm{e}^{\mathrm{j}\frac{4\pi B m}{M c}\sqrt{y_0^2 + (x_0 - v(n-1)T_s)^2}}
\end{aligned}
\tag{7.33}
$$

其中，$M = T/f_s$。

观察上述方程,可知方程右侧为求 DFT 一个频率变换点,其对应的频率为 $\nabla f(n) = \frac{2B}{c}\sqrt{y_0^2 + (x_0 - v(n-1)T_s)^2}$。因此, 式 (7.33) 可表示为

$$I(x_0, y_0) = \sum_n \mathrm{e}^{\mathrm{j}\frac{4\pi}{\lambda}\sqrt{y_0^2 + (x_0 - v(n-1)T_s)^2}} S_r(f(n), n) \tag{7.34}$$

其中, $S_r(f(n), n) = \sum_m s_r(n, mA) \times \mathrm{e}^{\mathrm{j}\frac{4\pi Bm}{Mc}\sqrt{y_0^2 + (x_0 - v(n-1)T_s)^2}}$。因此, 后向投影成像的计算量可减少到 N 的阶数。

7.1.5　合成孔径成像仿真实验

表7-2给出了雷达成像仿真实验所采用的参数。首先进行对点目标的成像仿真。设计19个点目标,构成NTU字母形状。图7-3为不同成像方法的结果。由结果对比可知,波数域的方法和后向投影的成像方法成像质量良好。

表 7-2　成像仿真实验的雷达参数

参　　数	值	单　位
扫描周期	10	ms
信号带宽	300	MHz
基带采样率	60	kHz
平台移动速度	11	km/h

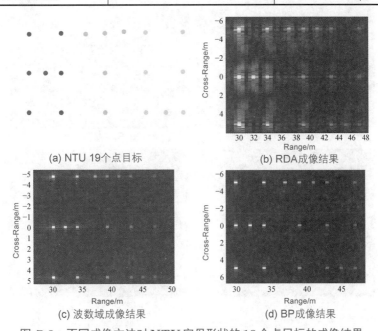

(a) NTU 19个点目标　　(b) RDA成像结果

(c) 波数域成像结果　　(d) BP成像结果

图 7-3　不同成像方法对 NTU 字母形状的19个点目标的成像结果

　　为了更好地衡量成像算法的成像质量，进而对真实道路场景的扩展目标进行仿真实验。图7-4所示为一个真实道路成像场景。在该场景中有一个公交站台，还有路边的绿化树木以及房屋。图7-5(a)为实孔径毫米波雷达成像的结果。这里利用图7-5(a)作为参考，根据表7-2的参数产生雷达原始数据。再利用本节的3种成像方法对雷达数据进行聚焦成像，结果如图7-5所示。由结果可知，这3种成像方法都能获得质量良好的成像结果。

图 7-4　一个真实道路成像场景

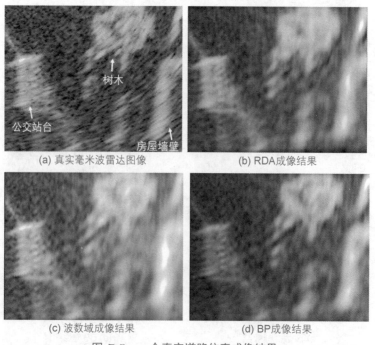

(a) 真实毫米波雷达图像　　　　　　　(b) RDA成像结果

(c) 波数域成像结果　　　　　　　(d) BP成像结果

图 7-5　一个真实道路仿真成像结果

7.1.6　毫米波雷达实孔径成像方法

如图7-6所示，现有的汽车毫米波雷达采用MIMO天线阵的方法实现对目标距离、速度和角度的测量，从而得到雷达点云数据。这种方法为汽车的主控制器提供了简单有效的道路目标环境信息。然而，由于点云数据的稀疏性，往往难以获取到道路路面、前方车辆的尺寸和可安全行驶区域等关键信息。

图 7-6　毫米波雷达机械扫描成像与 MIMO 点云成像

为了获取这些关键信息，毫米波雷达采用旋转天线的方式，将天线固定在车辆等平台上，通过360°旋转实现对周围环境的全方位扫描。表7-3为毫米波雷达360°实孔径成像参数。通过对每个扫描角度上接收到的回波信号进行处理和整合，可以生成一个完整的环境成像结果。

表 7-3　毫米波雷达 360° 实孔径成像参数

参　数	工业自动化应用	自动驾驶应用
作用距离/m	500	275
距离分辨率/cm	17.5	17.5
方位波束宽度/(°)	1.8	3.6
俯仰波束宽度	3个可配置选项	带有25°填充
质量/kg	6	4
工作频率/GHz	76~77	76~77
更新频率/Hz	2或4	4
工作温度/℃	−20~+60	−20~+60

这两种技术的区别在于应用场景和数据处理方式上的不同。

- 毫米波雷达点云测量更适用于需要对目标物体进行精确测量和定位的应用。它可以提供更高的测量精度和分辨率，适用于需要进行精确测距、测速和角度测量等场景。例如，在自动驾驶车辆中，点云测量可用于车辆目标的检测和跟踪。

- 毫米波雷达通过旋转天线360°扫描成像，更适用于需要获取环境全景图像的应用。它可以提供一个完整的环境成像结果，展示了周围环境的整体布局和目标物体的分布情况。这种成像方式常用于安防监控、无人系统导航和地质勘测等领域，可以提供更全面的环境感知和目标检测能力。

7.2 毫米波雷达图像

7.2.1 毫米波雷达图像数据分布

如图7-7所示，当分辨单元尺寸远大于雷达工作波长时，雷达接收机前端由第i个散射体反射的电场可表示为[11]

$$E_i = K_i E_i^0 \mathrm{e}^{\mathrm{j}\phi_i} \tag{7.35}$$

其中，$\phi_i = \theta_i - 2kR_i$，$\theta_i$是第$i$个散射体的散射相位，$k = 2\pi/\lambda$是波数，$R_i$是散射体到雷达天线的距离；$K_i$是系统常数；$E_i^0$是散射强度。

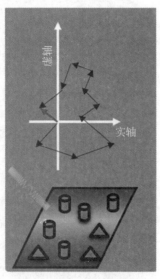

图 7-7　雷达分辨单元内散射体回波向量叠加

根据现有研究发现，等效散射体数目 n 的每个分辨单元由分辨单元面积、表面相关长度和相对表面粗糙度决定[12]。假设分辨单元包含 n 个点独立散射体，这些散射体在分辨单元内的总电场可通过简单求和计算。

$$E = A\mathrm{e}^{\mathrm{j}\phi_i} = \sum_{i=1}^{n} K_i E_i^0 \mathrm{e}^{\mathrm{j}\phi_i} \tag{7.36}$$

假设观察场景是均匀的。因此，没有任何散射体比其他散射体强得多，并且散射体之间的最大距离远小于散射体到天线的距离。因此，所有散射体的系统常数是相同的。为简单起见，可以将系统常数 K_i 设为1。

相量 $A\mathrm{e}^{\mathrm{j}\phi_i}$ 可以重新表示为

$$A\mathrm{e}^{\mathrm{j}\phi_i} = A_x + \mathrm{j}A_y \tag{7.37}$$

其中

$$A^2 = A_x^2 + A_y^2$$

且

$$A_x = A\cos(\phi) = \sum_{i=1}^{n} Ax_i = \sum_{i=1}^{n} E_i^0 \cos(\phi_i)$$

以及

$$A_y = A\sin(\phi) = \sum_{i=1}^{n} Ay_i = \sum_{i=1}^{n} E_i^0 \sin(\phi_i)$$

当每个分辨单元内独立散射体的数量足够大时，可以使用中心极限定理将 A_x 和 A_y 视为正态分布的随机变量。假设相位 ϕ_i 在 $0 \sim 2\pi$ 上均匀分布，A_x 的均值为

$$\overline{A_x} = \sum_{i=1}^{n} \langle E_i^0 \rangle \frac{1}{2\pi} \int_0^{2\pi} \cos(\phi_i)\mathrm{d}\phi_i = 0 \tag{7.38}$$

其中，$\langle E_i^0 \rangle$ 表示散射振幅的均值计算。同样，可以得到 $\overline{A_y} = 0$ 和 $\overline{A_x A_y} = 0$。基于以上假设，A_x 的标准差可以被认为与 A_y 相同，表示为 σ_s。因此，A_x 和 A_y 之间的联合概率密度函数（Probability Density Function，PDF）可以推导为

$$f(A_x, A_y) = \frac{1}{2\pi\sigma_s^2} \mathrm{e}^{-(A_x^2 + A_y^2)/2\sigma_s^2} = f(A_x)f(A_y) \tag{7.39}$$

由式 (7.39) 可知，A_x 与 A_y 相互独立。同时，又因

$$\begin{cases} A_x = A\cos\phi \\ A_y = A\sin\phi \end{cases} \quad A > 0, \ 0 \leqslant \phi \leqslant 2\pi \tag{7.40}$$

利用 Jacobian 变换，极坐标变量 A 和 ϕ 的联合 PDF 可以表示为 Jacobian 行列式

$$J = \begin{vmatrix} \dfrac{\partial x}{\partial A} & \dfrac{\partial x}{\partial \phi} \\ \dfrac{\partial y}{\partial A} & \dfrac{\partial y}{\partial \phi} \end{vmatrix} = \begin{vmatrix} \cos\phi & -A\sin\phi \\ \sin\phi & A\cos\phi \end{vmatrix} = A \tag{7.41}$$

因此，信号的幅相联合分布为

$$f(A, \phi) = \frac{A}{2\pi\sigma_s^2} \mathrm{e}^{-A^2/2\sigma_s^2} \tag{7.42}$$

再利用概率密度的性质求边缘概率密度 $f(A)$

$$f(A) = \int_0^{2\pi} \frac{A}{2\pi\sigma_s^2} \mathrm{e}^{-\frac{A^2}{2\sigma_s^2}} \, \mathrm{d}\phi = \frac{A}{\sigma_s^2} \mathrm{e}^{-\frac{A^2}{2\sigma_s^2}} \tag{7.43}$$

式 (7.43) 为著名的瑞利分布，是通信与电子系统中应用很广的分布。同样可求 ϕ 的概率密度分布为

$$f(\phi) = \int_0^\infty \frac{A}{2\pi\sigma_s^2} \mathrm{e}^{-\frac{A^2}{2\sigma_s^2}} \, \mathrm{d}A = \int_0^\infty \frac{1}{2\pi} \mathrm{e}^{-\frac{A^2}{2\sigma_s^2}} \, \mathrm{d}\frac{A^2}{2\sigma_s^2} \tag{7.44}$$

令 $t = A^2/2\sigma_s^2$，则有

$$f(\phi) = \int_0^\infty \frac{1}{2\pi} \mathrm{e}^{-t} \mathrm{d}t = \frac{1}{2\pi} \tag{7.45}$$

由式 (7.45) 可知，信号的相位 ϕ 在 $0\sim 2\pi$ 范围均匀分布，推导结论与前面的假设吻合。

对相邻的 L 像素进行平均（多视处理），即 $A = 1/L \sum\limits_{i=1}^{L} A_i$，则幅度 A 的概率密度分布为

$$f(A) = 2\left(\frac{A}{\sigma_s^2}\right)^L \frac{1}{\Gamma(L)} \mathrm{e}^{-\frac{LA^2}{2\sigma_s^2}} A^{(2L-1)} \tag{7.46}$$

式中，$\Gamma(\cdot)$ 为伽马函数。

7.2.2 乘性噪声模型

对于单视的雷达图像，根据式 (7.43) 与式 (7.46) 可求得幅度 A 的均值为

$$E(A) = \sigma_s \sqrt{\frac{\pi}{2}} \tag{7.47}$$

由上可知，雷达图像像素点的幅度值的均值与其对应的真实雷达散射截面（RCS）的平方根 σ_s 成正比。然而，在实际情况下，雷达图像的幅度受乘性噪声的影响，导致图像的幅度或能量随机变化。

具体而言，乘性噪声引起雷达图像的随机性质，使得图像中存在相干斑噪声，如

图7-8所示。

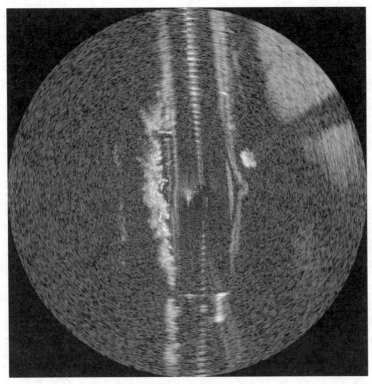

图 7-8　雷达图像相干斑噪声

7.3　毫米波雷达图像相干斑噪声抑制

由图7-8可知，相干斑噪声的出现使得对雷达图像目标的检测、识别以及更高层次的应用产生困难。相干斑抑制是雷达图像处理中的经典问题，随着时间的推移，不断发展进步。20世纪80年代诞生了一系列经典的相干斑抑制方法。目前，多视处理方法通常在单视图像中进行，通过累加相邻点的强度或幅度值得到多视图像。然而，多视处理方法会导致分辨率下降，因此出现了基于图像后处理的方法。

在图像后处理领域，早期的相干斑滤波采用空域估计方法，是一种局部滤波方法。空域滤波通过固定窗口在整幅图像上进行遍历，包括线性和非线性滤波。其中，均值和中值滤波属于非线性滤波，而 Lee 滤波、Frost 滤波和 Kuan 滤波则代表了线性滤波方法。这些滤波器主要基于最小均方误差（MMSE）准则进行设计，通过经典 Lee 滤波、Frost 滤波及 Kuan 滤波等方法实现线性估计。

随后，图像后处理方法发展到基于最大后验概率（MAP）估计，将雷达图像散射体的先验概率视为 Gamma 分布，并应用 Gamma-MAP 滤波方法。MAP 方法是经典的贝叶斯方法，利用贝叶斯公式计算后验概率分布 $P(R|A)$，其中似然函数 $P(A|R)$ 与先验概率 $P(R)$ 的乘积相关。为了提高 MAP 滤波性能，针对不同的场景，可以采用不同的似然函数及先验概率模型，如 Nakagami 分布、对数正态分布、威布尔分布、Fisher 分布、正则化 Gamma 分布（GГD）、正则化高斯瑞利分布（GGR）等方法。

20 世纪 90 年代，随着小波变换等方法的应用研究兴起，基于变换域的方法开始受到关注。通过将 SAR 图像投影到某种变换域中，可以更好地区分噪声和图像，因此出现了许多基于变换域的相干斑抑制方法。

随着人工神经网络的兴起，近年来基于深度学习的方法在雷达图像相干斑抑制上有优异的性能。本节将基于深度学习模型设计毫米波雷达图像去噪方法。

7.3.1　图像去噪训练集

由于雷达相参的固有特性，真实无噪声的雷达图像几乎是不可能获得的。因此，在形成图像训练集时，通常会从现有的图像库中选取无噪声的图像作为基准，然后根据乘性噪声模型向这些图像中加入噪声，模拟真实的雷达图像。

乘性噪声是常见的一种噪声形式，通常与图像的强度值相关。进行图像噪声模拟时，可使用特定的算法和参数控制噪声的程度，以便得到各种不同噪声水平的样本。这样的训练集可以更全面地覆盖各种实际应用场景，并且有助于提高算法的鲁棒性和泛化能力。

❀ 编程 7.1　以下是一段向图像加入乘性噪声的程序代码。

```
function noisy = mulNakagamiNoise(ima,L,seed)
seed = RandStream('mt19937ar','Seed',seed);
 s=zeros(size(ima));
for k = 1:L
    s = s + abs(randn(seed,size(ima)) + 1i * randn(seed,size(ima))).^2 / 2;
end
noisy = ima .* sqrt(s / L);
```

图 7-9 为图像加噪前后对比。这样就可模拟雷达图像的乘性噪声，进而产生数据训练集。

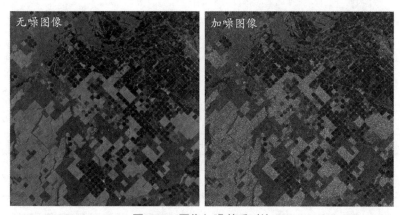

图 7-9　图像加噪前后对比

7.3.2　深度学习去噪

本节采用现有的前馈去噪卷积神经网络（Denoising Convolutional Neural Net-works，DnCNNs）[13]，具体使用残差学习和批归一化来训练模型，抑制相干斑噪声。该模型除输入层和回归输出层外，还有57层，具体包括20个卷积层、19个ReLU层、18个归一化层。模型训练的主要配置细节如下。

- 优化算法：使用Adam优化算法进行模型训练，Adam是一种常用的优化算法，它结合了Adagrad和RMSprop的优点，能高效地更新模型参数，加速收敛过程。
- 最大训练轮数：训练过程将进行50个epoch，每个epoch表示将整个数据集完整地输入模型训练一次。
- Mini-Batch大小：采用Mini-Batch梯度下降法，每次迭代使用两个样本更新模型参数，这样可以减少计算开销，并且通常能更快地收敛。

模型训练结束后，利用模型分别对仿真图像和真实雷达图像去噪，部分结果如图7-10和图7-11所示。

在雷达图像处理中，评估图像的去噪平滑能力和纹理保持能力非常关键。对于仿真雷达图像，由于存在真实无噪参考图像，因此可以使用峰值信噪比（Peak Signal-to-Noise Ratio，PSNR）和结构相似性指数（Structural Similarity Index，SSIM）这两个指标进行衡量。

PSNR是一种常用的衡量图像质量的指标，用于比较原始图像与去噪后图像之间的差异，见表7-4。PSNR的计算基于均方误差（Mean Squared Error，MSE），它衡

量了两幅图像之间的平均像素强度误差。PSNR值越高，表示图像质量越好，即去噪平滑能力越强。PSNR的计算公式为

$$\text{PSNR} = 10 \cdot \log_{10}\left(\frac{\text{MAX}^2}{\text{MSE}}\right) \tag{7.48}$$

表 7-4　仿真图像去噪性能指标

图　　像	PSNR/dB	SSIM
含噪图像	18.69	0.47
去噪图像	21.57	0.44

图 7-10　仿真图像去噪前后对比

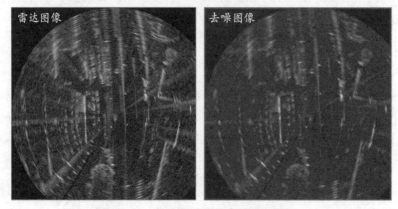

图 7-11　真实雷达图像去噪前后对比

其中，MAX表示图像像素值的最大可能值（对于8位灰度图像，该值通常为255）。
MSE的计算公式为

$$\text{MSE} = \frac{1}{mn} \sum_{i=1}^{m} \sum_{j=1}^{n} (I(i,j) - \hat{I}(i,j))^2 \tag{7.49}$$

其中，m 是图像像素的行数，n 是图像像素的列数，$I(i,j)$ 是原始图像在位置 (i,j) 处
的像素值，$\hat{I}(i,j)$ 是去噪后的图像在位置 (i,j) 处的像素值。MSE值越小，说明去噪后
的图像与原始图像越接近，去噪效果越好。

SSIM是另一种用于评估图像相似性的指标，它结合了亮度、对比度和结构信息的
比较。SSIM考虑了人眼对图像结构感知的特性，因此在图像质量评估中更符合主观
感受。SSIM值在 $[-1, 1]$ 范围，越接近1表示图像质量越好，纹理保持能力越强。SSIM
的计算公式为

$$\text{SSIM}(x,y) = \frac{(2\mu_x \mu_y + C_1)(2\sigma_{xy} + C_2)}{(\mu_x^2 + \mu_y^2 + C_1)(\sigma_x^2 + \sigma_y^2 + C_2)} \tag{7.50}$$

其中，x 和 y 分别表示待比较的两幅图像，μ_x 和 μ_y 是图像 x 和 y 的局部均值，σ_x 和 σ_y
是它们的局部标准差，σ_{xy} 是 x 和 y 之间的局部协方差，C_1 和 C_2 是两个常数，用于避
免分母为零。

表7-4是对图7-10滤波前后的客观量化计算结果。客观量化结果表明模型能较好
地抑制噪声并同时保持图像的纹理细节。

事实上，处理真实雷达图像时，由于缺乏真实无噪参考图像，因此无法使用PSNR
和SSIM这样的指标。取而代之的是，可以采用均匀区域的等效视数评估去噪平滑
能力。

均匀区域的等效视数（Equivalent Number of Looks，ENL）是一种用于度量图
像质量的指标，特别适用于缺乏无噪参考图像的情况。该指标需选取图像的均匀区域
进行计算，具体公式为

$$\text{ENL} = \frac{\text{均匀区域的均值二次方}}{\text{均匀区域的方差二次方}}$$

较低的等效视数值表明图像的质量较高，因为它意味着图像中的信息是更加平滑
且易于理解的，从而反映了去噪平滑的效果。

另外，β 系数是另一个用于评估纹理保持能力的指标。它衡量了在去噪过程中图
像纹理的保持程度。较高的 β 系数值表示图像中的纹理得到了有效保留，而较低的值
则可能意味着纹理信息在去噪过程中受损。β 系数的计算公式为

$$\beta(x,y) = \frac{\sum\limits_{i,j}(x_{i,j} - \mu_x)(y_{i,j} - \mu_y)}{\sqrt{\sum\limits_{i,j}(x_{i,j} - \mu_x)^2 \sum\limits_{i,j}(y_{i,j} - \mu_y)^2}} \tag{7.51}$$

其中，$x_{i,j}$ 和 $y_{i,j}$ 分别表示图像 x 和 y 中的像素值，μ_x 和 μ_y 是它们的均值。该公式用于衡量图像 x 和 y 之间的相关性，即纹理保持能力。

在实际雷达图像处理中，综合考虑去噪平滑能力和纹理保持能力，可以选择合适的算法和参数来优化图像质量，使其更适合后续雷达目标的检测、跟踪以及其他应用。

7.4 基于毫米波雷达图像的道路提取

在汽车毫米波雷达图像中，包含着丰富的交通道路信息。交通道路路面的提取对于自动驾驶车辆具有重要的意义。通过准确、实时地识别和提取道路边界信息，自动驾驶系统能更加精确地理解道路的结构、宽度和弯曲情况，从而更好地规划和控制车辆的行驶路线。

道路边界的准确提取可以帮助自动驾驶车辆进行车道保持，确保车辆在正确的车道内行驶，避免偏离轨迹。同时，它还有助于实现车辆与其他交通参与者的安全互动，如避让行人、车辆和障碍物等。这样精准感知和理解道路环境，可以大大提高自动驾驶车辆的安全性和稳定性，减少事故风险。

此外，交通道路路面信息的提取还有助于车辆在复杂的路况下做出更智能的决策。例如，在恶劣天气条件或低能见度情况下，道路边界的准确识别可以帮助车辆更好地应对挑战，确保安全驾驶。对于城市交通拥堵或施工区域，准确提取道路边界信息也能帮助车辆更高效地规划路径，优化行驶路线，节省时间和能源消耗。

对于直线的道路路面，可以使用 Hough 变换检测道路边界，但是由于道路通常存在弯曲和复杂的形状，基于 Hough 变换的方法在提取道路路面时性能有限。为了提高提取精度并应对复杂的路况，我们采用深度学习的方法进行道路路面的提取。深度学习的方法较传统的基于规则的图像处理方法具有更强大的特征提取和表达能力。它能在复杂的道路场景中捕捉到更多的细节和上下文信息，从而更准确地提取道路路面，包括弯曲道路和交叉口等复杂情况。深度学习方法的优势还在于其端到端的训练方式，即从原始输入图像到最终的道路路面提取结果，所有的处理步骤都由神经网络自

动学习完成。这使得深度学习方法更加灵活且适用于不同道路环境和不同条件的道路
图像。通过采用深度学习的方法进行道路路面的提取，我们期望能获得更高的提取精
度和更好的鲁棒性，为自动驾驶车辆提供更可靠的环境感知能力，推动自动驾驶技术
在现实道路条件下的应用和发展。

7.4.1　提取流程

如图7-12所示，从毫米波雷达图像提取的道路过程通常包括以下几个步骤。

图 7-12　交通道路提取流程

- 图像滤波预处理：在道路图像的处理前，通常需要进行滤波预处理。滤波的目
  的是消除图像中的噪声和干扰，以提高后续处理的准确性。常用的滤波方法
  包括相干斑滤波、高斯滤波等。滤波预处理有助于减少噪声对道路提取结果
  的影响。

- 数据训练集设计：为了训练道路提取模型，需要准备具有标签的训练数据集。
  训练数据集通常包括道路区域和非道路区域的图像样本，分别标记为正例和
  负例。样本的标签可以通过人工标注或其他自动化方法获得。设计一个多样
  性和全面性的数据集对于训练模型具有重要意义，可以覆盖不同路况、天气
  和交通场景，以提高模型的鲁棒性。

  经去噪处理后，我们将毫米波雷达图像中的道路路面部分制作为标签，并对
  图像数据进行归一化处理。设计标签是将图像中的道路区域标记为1，非道路
  区域标记为0，以便训练模型对道路路面准确进行识别和定位。同时，对图像
  进行归一化处理是为了确保图像数据在一定的范围内，并且具有相同的尺度，
  这样有助于加速训练过程并提高模型的收敛速度。图7-13所示为部分交通道
  路路面标签。

  数据集准备完成后，我们将数据集划分为训练集和测试集。训练集用于模型
  的训练过程，使其学习道路路面的特征和模式；而测试集则用于评估模型的
  性能和泛化能力。

- 深度CNN模型构建：卷积神经网络广泛应用于图像识别和分割任务。在道路
  提取中，可以构建一个专门针对毫米波雷达图像的CNN模型。模型的结构通

常包括多个卷积层、池化层和全连接层，以提取图像中的特征，并最终实现道路区域的识别和分割。

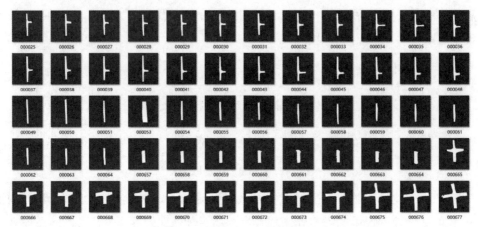

图 7-13　部分交通道路路面标签

- 模型训练：使用准备好的训练数据集对CNN模型进行训练。在训练过程中，模型通过反向传播算法不断调整参数，以最小化预测结果与标签之间的误差。训练过程需要大量计算资源和时间，但它使模型能学习到图像中道路区域的特征，从而实现道路提取的目标。
- 性能评估：对训练好的模型进行性能评估。性能评估通常使用测试数据集评估模型在未见过的数据上的表现。常用的评估指标包括准确度、召回率、F1值、均方误差等，这些指标可以帮助评估模型在道路提取任务中的效果和准确性。
- 实际应用：经性能评估确认模型的可用性后，可以将训练好的模型应用于实际场景中。在自动驾驶、交通管理等领域，道路提取技术可以帮助车辆和交通系统更好地理解道路环境，从而提高自动驾驶车辆的安全性和稳定性，优化交通流量，实现智能出行。

7.4.2　模型建立

本节介绍的一个深度CNN模型共10层，如图7-14所示。深度学习网络每层的设计依据如下。

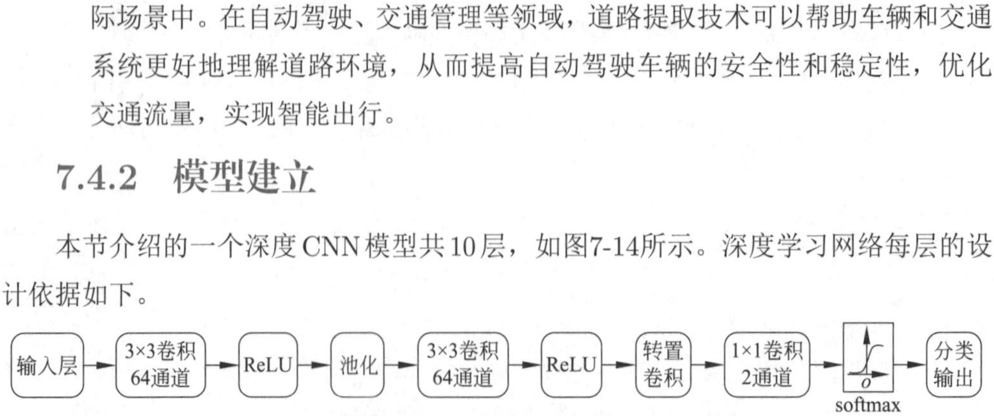

输入层 → 3×3卷积 64通道 → ReLU → 池化 → 3×3卷积 64通道 → ReLU → 转置卷积 → 1×1卷积 2通道 → σ softmax → 分类输出

图 7-14　一个交通道路路面提取模型

- 输入层：这是模型的第一层，它接收输入的原始图像数据。在道路提取任务中，输入层负责接收毫米波雷达图像作为模型的输入。

- 3层卷积层：这是模型的主要特征提取层。卷积层通过卷积运算对输入图像进行特征提取，捕捉图像中的局部特征和纹理信息。这里使用了3层卷积层，每一层都包含多个卷积核，通过不同的卷积核学习不同的特征。

- 2层ReLU层：ReLU层是非线性激活函数层，它引入非线性因素，增加模型的表达能力。在卷积层和转置卷积层后添加ReLU层，可以激活和增强特征图中的有用特征。

- 池化层：用于减少特征图的维度，同时保留主要特征。常见的池化操作包括最大池化和平均池化，它们有助于降低计算复杂性，并且对图像的平移和缩放具有一定的鲁棒性。

- 转置卷积层：也称为反卷积层，主要用于上采样或图像重建。在道路提取任务中，转置卷积层用于将特征图上采样到原始图像的尺寸，从而进行像素级的预测。

- Softmax分类层：用于将模型输出映射为不同类别的概率分布。在道路提取任务中，Softmax层将模型的输出转换为道路和非道路的概率。假设有一个包含K个类别的分类任务，输入数据经过前面的网络层处理后，得到K维的原始输出向量z，Softmax层将其转换为一个概率向量p，表示每个类别的概率。给定原始输出向量z，Softmax层将其转换为概率向量p，其中$p[i]$表示第i个类别的概率：

$$p[i] = \frac{e^{z[i]}}{\sum_{j=1}^{K} e^{z[j]}}$$

其中，$e^{z[i]}$表示原始输出向量z的第i个元素的指数值，而分母部分$\sum_{j=1}^{K} e^{z[j]}$表示原始输出向量z中所有元素的指数值之和。

由上可知，Softmax层的作用是将原始输出向量z中的每个元素映射到$[0, 1]$区间，并且所有元素的和等于1，从而得到一个概率分布。这使得模型的输出可以被解释为对每个类别的预测概率，便于进行多分类任务的决策和评估。

- 输出层：这是模型的最后一层，它将Softmax层的输出转换为最终的预测结果。在道路提取任务中，输出层对概率进行阈值处理，将概率大于某个阈值的像素判定为道路，从而实现道路区域的预测和分割。

总体而言，这个深度 CNN 模型通过多层的卷积、池化和非线性激活函数层，逐步提取图像的特征，并利用转置卷积层和 Softmax 层进行像素级的道路预测。模型具有一定的特征提取和表示能力，能有效地从毫米波雷达图像中提取道路路面信息，为自动驾驶等应用提供重要的环境感知能力。

7.4.3　模型结果

模型采用 SGDM（Stochastic Gradient Descent with Momentum）进行优化，这是一种常用的优化算法，它结合了随机梯度下降和动量项，可以加快模型的收敛速度，并帮助避免陷入局部最优解。SGDM 在每一次参数更新时，不仅考虑当前的梯度信息，还考虑之前梯度的累积效果，从而更加稳定和高效地优化模型。

在模型训练过程中，我们通过将训练数据输入模型，使用 SGDM 优化算法不断调整模型的权重和偏置，以最小化预测结果与真实标签之间的误差。模型训练通常进行多个 epoch，每个 epoch 包含多个 mini-batch 的训练样本。经过逐步迭代的训练，模型逐渐学习到数据的特征和模式，提高了对道路路面的准确提取能力。

使用训练优化后的模型进行道路提取实验，针对含有复杂交通道路的图像进行测试，结果如图7-15所示。可以看出，优化后的模型在不同路况和交通场景下，成功地将道路路面从图像中提取出来。模型对道路边界的识别和分割表现良好，准确捕捉了道路的形状和位置。

7.4.4　性能评估

道路提取的性能评估指标有以下6个。

- 准确度（Accuracy）：提取正确的道路路面像素数量与总像素数量的比率，即预测为正样本的像素中有多少是真正的正样本。
- 召回率（Recall）：被正确提取为道路路面的像素数量与总实际道路路面像素数量的比率，即所有正样本中有多少被成功检测到。
- F1值：综合考虑精度和召回率的指标。F1值是精度和召回率的调和平均数，可用来衡量算法的整体性能。
- 平均误差（Mean Error）：提取结果与实际道路路面的距离误差的平均值，可以反映提取结果的准确程度。

- 平均绝对误差（Mean Absolute Error）：提取结果与实际道路路面的距离误差的绝对值的平均值，可以反映提取结果的准确程度。
- 均方误差（Mean Square Error）：提取结果与实际道路路面的距离误差的平方的平均值，可以反映出提取结果的准确程度。

这里利用准确度、召回率以及F1值，对图7-15的提取结果进行客观量化，结果总结在表7-5中。由结果可知，所有指标值均优于0.93，表明了本节介绍的道路提取方法的有效性。

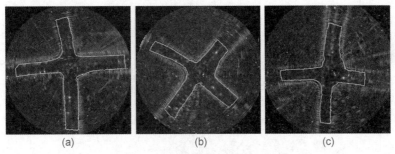

(a)　　　　　(b)　　　　　(c)

图 7-15　交通道路路面提取结果

表 7-5　道路提取精度性能指标

指　　标	图 (a)	图 (b)	图 (c)
准确度	0.989	0.983	0.987
召回率	0.9652	0.943	0.938
F1值	0.9678	0.942	0.947

由上表明，经过训练优化的模型在实际道路场景中表现出了良好的应用潜力。在自动驾驶、智能交通管理和道路规划等领域，道路提取技术为车辆和交通系统的安全性和智能性提供了重要的支持。模型的高效性和准确性为实现智能出行和交通系统优化带来新的机遇和挑战。然而，模型也需进一步改进模型的结构和算法，拓展数据集的多样性，以进一步提高道路提取技术的性能和应用范围。这部分内容可作为本节的作业，读者可参考以下代码完成。

7.4.5　参考代码

❀ 编程7.2　参考代码如下。

```
%《调频连续波雷达——原理、设计与应用》编程例子
clc;clear;close all;
```

```
sz=1152;
imageSize=[sz sz 1];

dataFolder=cd;
imageDir=fullfile(dataFolder,'ximage');%雷达图像
labelDir=fullfile(dataFolder,'yimage');%道路标签

imds = imageDatastore(imageDir);
classNames = ["Road","background"];
labellDs = [255 0];

pxds = pixelLabelDatastore(labelDir,classNames,labellDs);
cds = combine(imds,pxds);
tbl = countEachLabel(pxds);

totalNumberOfPixels = sum(tbl.PixelCount);
frequency = tbl.PixelCount/totalNumberOfPixels;
inverseFrequency = 1./frequency;

imageLayer = imageInputLayer([1152,1152,1]);
layers=[    %设计模型
    imageLayer
    convolution2dLayer([3,3],64,'Padding',[1,1,1,1])
    reluLayer
    maxPooling2dLayer([2,2],'Stride',[2,2])
    convolution2dLayer([3,3],64,'Padding',[1,1,1,1])
    reluLayer
    transposedConv2dLayer([4,4],64,'Stride',[2,2],'Cropping',[1,1,1,1]）%反卷积
    convolution2dLayer([1,1],2)
    softmaxLayer
    pixelClassificationLayer
    ];

analyzeNetwork(layers);%查看网络模型
%模型训练参数配置
maxEpochs = 50;
miniBatchSize = 2;
ValidationPatience = 5;
options = trainingOptions('sgdm', ...
    'ExecutionEnvironment','GPU', ...
    'MaxEpochs',maxEpochs, ...
    'MiniBatchSize',miniBatchSize, ...
    'ValidationPatience',ValidationPatience, ...
    'GradientThreshold',1, ...
```

```
        'Verbose',false, ...
        'Plots','training-progress');

net = trainNetwork(cds, layers, options);


imgTest = imread("ximage\000692.png");% 读取测试图像
testSeg = semanticseg(imgTest,net);% 对图像进行语义分割
testImageSeg = labeloverlay(imgTest,testSeg);% 叠加分割结果到原始图像


%模型结果
figure;subplot(1, 2, 1);
imshow(imgTest);
title('原始图像');
subplot(1, 2, 2);
imshow(testImageSeg);
title('分割结果叠加图像');
roadMask = testSeg == 'Road';
roadOverlay = testImageSeg;
roadOverlay(~roadMask) = 0;


figure;imshow(roadOverlay);
title('预测图像中的道路部分');


roadBoundaries = bwboundaries(roadMask);
figure;
imshow(imgTest);
hold on;
for k = 1:length(roadBoundaries)
    boundary = roadBoundaries{k};
    plot(boundary(:,2), boundary(:,1), 'g', 'LineWidth', 2);
end
hold off;
title('道路提取结果');


% 计算预测精确度accuracy
% 提取正确的道路路面像素数量与总像素数量的比率，即预测为正样本的像素中有多少是
% 真正的正样本
groundTruth = imread('yimage\00023.png');%读取真实标签

% 将道路掩膜与真实标签进行比较，计算准确率
trueLabels = groundTruth == 255;   % 真实标签中道路部分的像素值为255
accuracy = sum(roadMask(:) == trueLabels(:)) / numel(trueLabels);


% 计算召回率recall
```

```
% 计算检测准确率（True Positive）
tp = sum(roadMask(:) & trueLabels(:));
% 计算错误率（False Negative）
fn = sum(~roadMask(:) & trueLabels(:));
% 计算召回率
recall = tp / (tp + fn);

% 计算虚警概率（False Positive）
fp = sum(roadMask(:) & ~trueLabels(:));
% 计算精确率（Precision）
precision = tp / (tp + fp);
% 计算召回率（Recall）
% recall = tp / (tp + fn);
% 计算F1值
f1 = 2 * (precision * recall) / (precision + recall);
```

习题

1. 请分析LFM雷达与FMCW雷达成像算法上的异同，给出具体公式对比。

2. 请分析合成孔径雷达成像与实孔径成像的异同。

3. 为什么毫米波雷达的图像噪声是乘性噪声？请给出公式说明。

4. 请给出毫米波雷达的图像乘性噪声滤波流程，结合相关数学公式描述。

5. 利用卷积神经网络，给出从毫米波雷达的图像中提取交通道路的流程，结合相关数学公式描述。

第 8 章

毫米波雷达实验

8.1　TI 雷达实验软硬件

德州仪器（Texas Instruments，TI）于 2012 年开始投入研发汽车毫米波雷达芯片。经过十年的发展，TI 完善了工业级 IWR 和汽车级 AWR 两大系列毫米波雷达芯片（以下合称为 xWR）。与此同时，TI 为推广与促进其毫米波雷达芯片在市场的占有率，不断完善了雷达芯片系统级研发生态工具，以帮助全球用户加速雷达系统级的产品研发上市。因其有开放的雷达资料、雷达样机以及雷达 ADC 数据采集硬件，并配套相应的软件，本课程采用 TI 雷达软硬件开展毫米波雷达系统和信号处理相关实验。

TI 雷达的实验平台搭建有两种方案：

（1）xWR+DevPack+TSW。

如图 8-1 所示，该方案所需的硬件如下。

• TI 毫米波雷达 xWR Boost，micro USB 一根，+5V 电源一个；

• 毫米波雷达数据接口板子 mmw DevPack，micro USB 一根，60 脚 Samtec 线缆一根；

• 高速数据采集卡 TSW1400 EVM，+5V 电源一个，micro USB 一根。

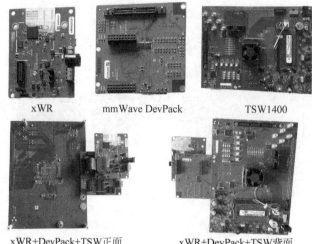

xWR　　　　　mmWave DevPack　　　　TSW1400

xWR+DevPack+TSW正面　　　　xWR+DevPack+TSW背面

图 8-1　xWR+DevPack+TSW 方案的硬件

如图8-2所示，该方案需具备如下软件。

- 毫米波雷达参数配置软件 mmWave studio；

- 雷达数据处理 MATLAB Runtime Engine v8.5.1；

- 串口驱动软件包 XDS Emulation Software Package；

- 雷达高速数据采集 High Speed Data Converter Pro（USB接口）。

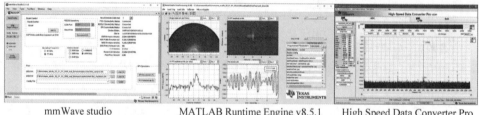

mmWave studio　　　　MATLAB Runtime Engine v8.5.1　　　High Speed Data Converter Pro

图 8-2　xWR+DevPack+TSW 方案的软件

（2）xWR+DCA1000 EVM。

如图8-3所示，该方案所需的硬件如下。

- TI毫米波雷达 xWR Boost，micro USB 一根，+5V 电源一个；

- 毫米波雷达数据采集板 DCA1000 EVM，+5V 电源一个，带RJ45 接口的网线
  一根，micro USB 一根，60 脚 Samtec 线缆一根。

该方案需具备如下软件。

- 毫米波雷达参数配置软件 mmWave studio；

- 雷达数据处理MATLAB Runtime Engine v8.5.1；
- 串口驱动软件包XDS Emulation Software Package。

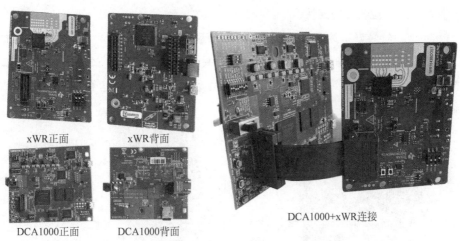

xWR正面　　　　xWR背面

DCA1000正面　　　DCA1000背面

DCA1000+xWR连接

图 8-3　xWR+DCA1000 EVM 硬件

进行相关实验前，需准备好相关硬件和安装好以上的相关软件。xWR硬件可在网上购买，软件可在TI网站上免费下载，相关问题可在TI E2E™设计支持平台上留言与TI相关专家进行免费技术咨询交流。对比这两种方案，基于TSW的方案比基于DCA1000的方案操作步骤多，还需安装数据采集软件，采集数据时间慢。第二种方案要求计算机有网络接口。总体上，第二种方案的硬件成本、操作流程和雷达数据采集效率都优于第一种方案。因此，推荐采用第二种方案进行实验设置。

8.2　数据采集与处理实验

8.2.1　实验目的

该实验的目的是使学生熟悉TI毫米波雷达数据采集的软硬件操作，综合运用FMCW雷达系统和信号处理知识，雷达系统参数设计、获取雷达数据并进行相关目标信息提取，为独立开展毫米波雷达实验打下基础。

8.2.2　数据采集步骤

该实验可灵活根据教学设计在室内外环境下进行，可测量获取人体行走与手势、车辆等大量目标的数据，并进行处理。本节以第二种方案（即 xWR+DCA1000 EVM）

为例，进行雷达数据采集与处理的实验步骤说明。雷达实验硬件和软件设置可参考TI
技术文档[14]。

步骤一：实验硬件的连接

根据图8-4安装好雷达和DCA1000支架，连接好两个电路板，用相关电缆线把电
路与计算机连接好，并确保雷达电路板拨码开关S1接通SOP0和SOP1，特别注意，还
需要把雷达电路板上开关S2拨码设置到SOP1处，然后接通雷达和DCA 1000 EVM
电源。

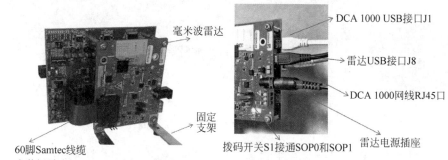

安装好雷达和DCA1000支架，连接好两个电路板 → 用相关电缆线把电路与计算机连接好

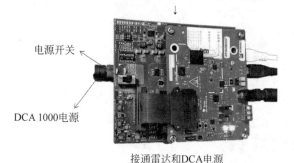

接通雷达和DCA电源

图 8-4　xWR+DCA1000 EVM 硬件连接示意图

步骤二：实验软件的设置

（1）网络设置。

DCA1000通过网络把雷达数据传输到计算机，需要对网络进行设置。具体地，局
域网 TCP/IPv4 设置 IP 地址为 192.168.33.30，子网掩码为 2555.255.255.0。

（2）软件配置。

打开毫米波雷达参数配置软件 mmWave studio，按照图8-5标注顺序进行单击完成
软件的 Connection 选项操作。需要注意的是，在图8-5标注的步骤4中，须把 COM Port

设置为User UART口的名称（在计算机设备管理中可找到User UART口的名称）。

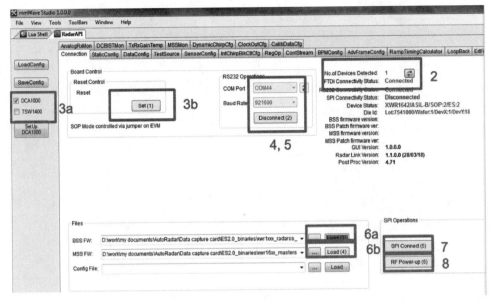

图 8-5　mmWave studio 软件 Connection 项界面操作流程

接下来按照图8-6标注的顺序完成软件StaticConfig选项配置。

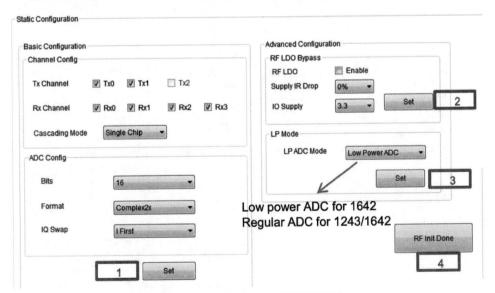

图 8-6　StaticConfig 选项配置流程

然后，按照图8-7标注的顺序完成软件DataConfig选项配置。

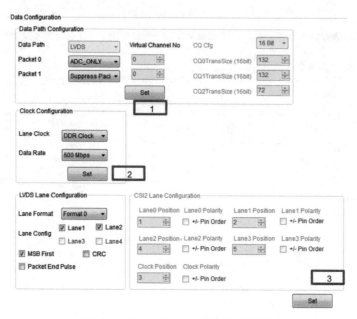

图 8-7 DataConfig 选项操作流程

根据相关场景的目标测量性能需求，进行相关雷达系统参数（如调频率、扫描周期、采样率等）设计。然后，根据图8-8所标注的顺序完成软件SensorConfig选项配置。

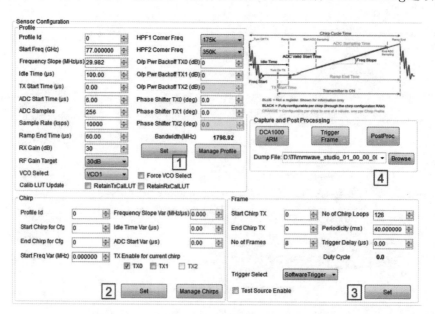

图 8-8 SensorConfig 选项配置流程

接着，单击软件SensorConfig配置项界面中的"SetUp DCA1000"按钮，随后在弹出的RFDataCaptureCard的子界面上单击"Connect, Reset and Configure"按钮。最后，按照图8-9中标注的顺序完成雷达目标回波数据采集。注意，单击图8-9中第1和第2步骤时，实验中的目标须放置在雷达观测范围场景内。

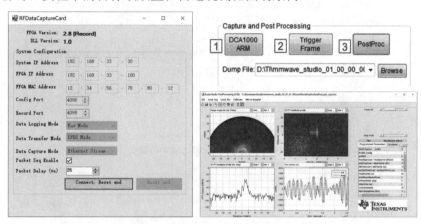

图 8-9　雷达回波数据采集操作流程

8.2.3　数据处理

通过上述步骤，可获取雷达目标的回波数据。数据文件的后缀名为bin，数据具体格式与读取请参考TI技术文档[15]。根据数据格式协议可进行编程读取数据及处理回波，数据读取MATLAB程序如下。

⊛ 编程8.1　雷达数据读取程序。

```
% 该脚本由TI编写提供
% 请参考 https://www.ti.com/lit/an/swra581b/swra581b.pdf
function [retVal] = readDCA1000(fileName,numADCSamples)
    numADCBits = 16; % 每个采样点的ADC位数
    numRX = 4; % 接收通道数
    numLanes = 2; % 不要更改，通道数始终为2
    isReal = 0; % 如果是实数数据，则设置为1；如果是复数数据，则设置为0
%% 读取文件
% 读取 .bin 文件
fid = fopen(fileName,'r');
adcData = fread(fid, 'int16');
% 如果每个采样点的ADC为12位或14位，进行符号扩展的补偿
if numADCBits ~= 16
    l_max = 2^(numADCBits-1)-1;
    adcData(adcData > l_max) = adcData(adcData > l_max) - 2^numADCBits;
```

```
    end
    fclose(fid);
    fileSize = size(adcData, 1);
    % 实数数据的重新排列，文件大小 = numADCSamples*numChirps
    if isReal
        numChirps = fileSize/numADCSamples/numRX;
        LVDS = zeros(1, fileSize);
        % 为每个脉冲创建列
        LVDS = reshape(adcData, numADCSamples*numRX, numChirps);
        % 每行代表一个脉冲的数据
        LVDS = LVDS.';
    else
        % 对于复数数据
        % 文件大小 = 2 * numADCSamples*numChirps
        numChirps = fileSize/2/numADCSamples/numRX;
        LVDS = zeros(1, fileSize/2);
        % 将实部和虚部合并为复数数据
        % 文件格式：2I后面跟着2Q
        counter = 1;
        for i=1:4:fileSize-1
            LVDS(1,counter) = adcData(i) + sqrt(-1)*adcData(i+2);
            LVDS(1,counter+1) = adcData(i+1) + sqrt(-1)*adcData(i+3);
            counter = counter + 2;
        end
        % 为每个脉冲创建列
        LVDS = reshape(LVDS, numADCSamples*numRX, numChirps);
        % 每行代表一个脉冲的数据
        LVDS = LVDS.';
    end
    % 按接收通道整理数据
    adcData = zeros(numRX,numChirps*numADCSamples);
    for row = 1:numRX
        for i = 1: numChirps
            adcData(row, (i-1)*numADCSamples+1:i*numADCSamples) = LVDS(i,
                (row-1)*numADCSamples+1:row*numADCSamples);
        end
    end
    % 返回接收通道的数据
    retVal = adcData;
return
```

采集得到回波数据后，根据前面章节的雷达信号处理方法对数据进行处理。这里提供一个雷达数据处理的程序例子，具体如下。

❀ 编程8.2　下面为一个室内人体手势感应回波的处理例子。

```matlab
%《调频连续波雷达——原理、设计与应用》编程例子
% Read and Process ADC data
% Date: 13 Feb, 2023
clc;clear;close all;
rampEndTime=60e-6;
adcStartTimeConst=6e-6;
hpfCornerFreq1=0;
freqSlopeConst=29.982e12;
rxGain=30;
numAdcSamples=256;
startFreqConst=77.0e9;
idleTimeConst=100e-6;
digOutSampleRate=10000e3;
frameCount=8;
periodicity=40;
loopCount=128;
tx1Enable=1;
tx2Enable=1;

T=rampEndTime+idleTimeConst;
PRF=1/T;
BW=freqSlopeConst*rampEndTime;
lambda=3e8/(startFreqConst+BW/2);

fs=digOutSampleRate;
CPI=loopCount;
dletaR=fs/numAdcSamples*3e8/2/freqSlopeConst;
idR=dletaR*[0:numAdcSamples/2-1];
idV=lambda/2*(-PRF/2:PRF/CPI:PRF/2-PRF/CPI);
idt = 1e6*(0 : 1/fs : T);

fname='chap8_data.bin';
data= chap8_ReadDCA1000(fname,numAdcSamples);

ch=1;
frame=3;
Raw(1:CPI,1:numAdcSamples)=0;

for k=1:CPI
    idx=(k-1)*numAdcSamples+1:k*numAdcSamples;
    idx=idx+(frame-1)*loopCount*numAdcSamples;
    Raw(k,1:numAdcSamples)=data(ch,idx);
end

pdata=fftshift(fft(Raw,[],2),2);
```

```
pdata=fftshift(fft(pdata,[],1),1);
pdata=pdata(:,1+numAdcSamples/2:numAdcSamples);
figure;
surf(idR,idV,20*log10(abs(pdata)+eps));
ylabel(['Velocity (','m/s)']);
xlabel('Range (m)');
zlabel('Intensity (dBm)');
colormap(jet);shading interp
h=colorbar;
title(h,'dB');
a = h.Position;
set(h,'Position',[a(1)+0.08 a(2)+0.23 0.01 0.5]);
set(gcf,'color',[1 1 1]);
set(gca,'FontSize',12)
set(findall(gcf,'type','text'),'FontSize',12);
set(get(gca,'YLabel'),'Rotation',-26);
set(get(gca,'XLabel'),'Rotation',26);
```

图8-10为该程序处理的结果。以图8-9系统软件处理的结果为参照，程序处理得到的目标距离多普勒图与 mmWave studio 软件处理的结果吻合。

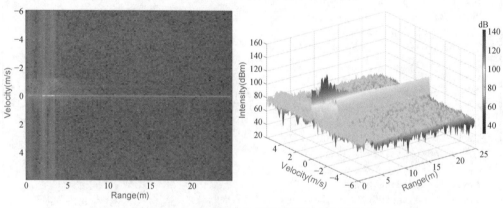

图 8-10　一个室内人体手势感应回波处理例子

8.3　FMCW雷达干扰实验

8.3.1　实验目标

随着道路中汽车雷达增多，产生的干扰分布随机、过程复杂，且在时域、频域和空域中与目标特征重叠，进而导致雷达误判。本实验主要完成雷达之间的干扰实验，分析雷达参数对雷达干扰的影响,为进一步研究干扰抑制方法提供相关实验数据,进而为干扰规避和抑制提供相关的工程实践经验。本实验的训练操作,培养学生和相关技术人员解决与分析雷达干扰复杂问题的能力,并考虑其对自动驾驶感知的影响,做出干扰规避和抑制策略。

8.3.2 预习内容

理论内容预习:根据第4章FMCW雷达干扰及其抑制的内容,设计两个雷达产生干扰的雷达系统参数,并根据第4章的习题进行仿真,确认两雷达的系统参数可产生干扰信号。

实验条件准备:提前选取好一个空旷无人区域作为实验场地,准备好移动电源,雷达硬件2套以上,笔记本电脑,安装好软件,雷达固定支架。

8.3.3 干扰实验步骤

- 设置雷达场景。以图8-11为例,连接好雷达软硬件。

图 8-11 一个干扰雷达实验场景设置

- 按照8.2.2节的步骤,根据表8-1提供的雷达参数,设置mmWave studio软件,并进行数据采集。
- 依次改变干扰雷达与主雷达的距离为10m、15m、20m、25m等,采集干扰数据回波信号。

- 试着改变雷达系统参数，重复以上实验步骤。

表 8-1　一个干扰雷达实验参数设置例子

雷　　达	参　　数	值
共同参数	起始频率	77GHz
	带宽	547.5MHz
主雷达	CPI 数量	128
	采样率	10Msps
	扫描周期	36.5μs
	调频率	1.5×10^{13}Hz/s
干扰雷达	扫描周期	18.25μs
	调频率	3.0×10^{13}Hz/s
	采样率	6.25Msps
	与主雷达距离	5m

8.3.4　结果分析

- 根据8.2.3节提供的程序，读取雷达每个回波数据，发生干扰的回波信号
  如图8-12所示。

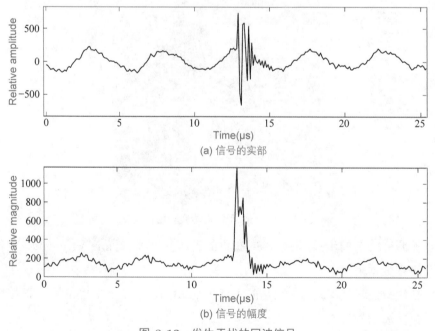

(a) 信号的实部

(b) 信号的幅度

图 8-12　发生干扰的回波信号

- 对发生干扰的回波信号强度按表8-2进行记录，并根据相关理论进行分析。

表 8-2　干扰实验结果记录表

雷达间的距离/m	干扰的相对强度	理论计算强度值
5		
10		
15		
20		
25		

- 分析不同雷达参数下采集回波发生干扰的频次，给出干扰规避的建议，并试着对干扰信号进行抑制。

8.4　微多普勒特征提取实验

8.4.1　实验目的

倘若某一目标的某一部位来回振动，目标的雷达回波信号的多普勒信息也围绕一中心频率微小变化。变化的频率分量称为微多普勒信息。由于目标的振动的频率和幅度有所差异，因此微多普勒特征信息也不同。目标的微多普勒特征有助于识别目标的状态，如车辆识别交警手势、检测无人机等。本实验以交警手势为研究对象，开展微多普勒特征提取实验，扩展雷达的应用范围，培养读者的学习兴趣。

8.4.2　实验准备

交警手势的检测有利于自动驾驶和有人驾驶过渡阶段对交警指挥信号的识别。如图8-13所示，本实验主要检测以下4种常规交警手势。

直行手势　　停止手势　　左转弯手势　　右转弯手势

图 8-13　4种常规交警手势

- 左转弯手势：右手水平向前垂直于右肩，左手向前与身体呈约45°，从身体左侧摆至身体右侧，进行来回摆动，头部向左旋转，示意车辆进行左转弯。
- 右转弯手势：左手水平向前垂直于右肩，右手向前与身体呈约45°，从身体右侧摆至身体左侧，进行来回摆动，头部向右旋转，示意车辆进行右转弯。
- 直行手势：左手水平向身体左侧伸直，右手向身体前方水平伸直，摆向胸口，与左手平行，进行来回摆动，头部面向左手指向方向，示意车辆进行直行。
- 停止手势：左手向身体前方斜向上伸直，掌心向前，头部正对掌心所对方向，示意车辆停止。

根据这4种手势规范以及所学的雷达系统、信号处理知识，设计交警手势检测的雷达系统参数。

8.4.3 微多普勒实验步骤

- 设置雷达场景。室内室外场景都可以设置该实验场景。以图8-14为例，连接好雷达硬件。

图 8-14 一个交警手势检测实验场景设置

- 按照8.2.2节的步骤，根据表8-3的雷达系统参数，设置mmWave studio软件。
- 分别在交警进行左转弯、右转弯、直行、停止手势的场景下，依次采集雷达数据。

表 8-3　一个交警手势检测实验的参数设置例子

参　　数	值
起始频率	77GHz
带宽	3.07GHz
扫描周期	100μs
调频率	$3.2347 \times 10^{13}\mathrm{Hz/s}$
采样率	8Msps

8.4.4　实验结果分析

- 根据8.2.3节提供的程序，读取雷达每个回波数据；

- 如图8-15所示，观测每帧的距离多普勒图，分析手势分布位置；

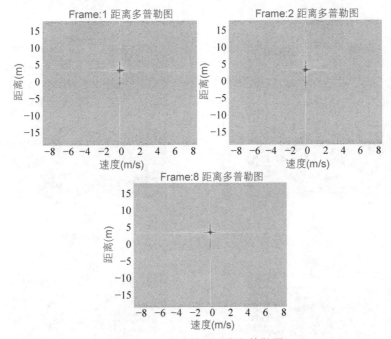

图 8-15　部分帧的距离多普勒图

- 检测到交警所在的距离门，依据距离门提取慢时间的数据；

- 运用短时傅里叶变换对左转弯、右转弯、直行、停止手势进行特征分析。

✎ 笔记　短时傅里叶变换定义如下

$$\mathbf{STFT}\{x(t)\}(\tau,\omega) \equiv X(\tau,\omega) = \int_{-\infty}^{\infty} x(t)w(t-\tau)\mathrm{e}^{-\mathrm{j}\omega t}\,\mathrm{d}t$$

式中，$w(\tau)$ 为窗函数，τ 为窗函数中心滑动位置，$x(t)$ 为分析信号，t 为信号的时间变量。

- 对微多普勒特征按表8-4进行记录，并根据相关理论进行分析。

表 8-4　交警手势实验结果记录表

手　　势	微多普勒特征
左转弯	
右转弯	
直行	
停止	

- 4种手势的微多普勒特征图如图8-16所示。

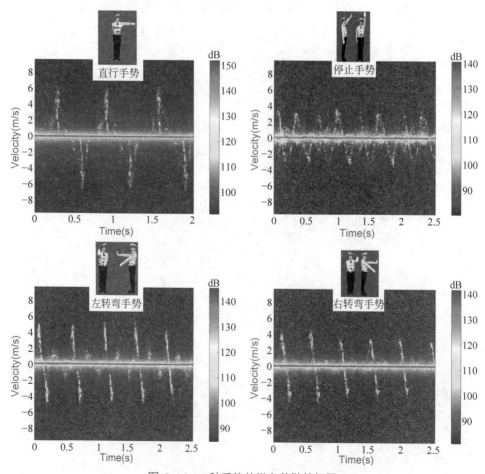

图 8-16　4种手势的微多普勒特征图

8.5　人体呼吸信号检测实验

8.5.1　实验意义

人体的呼吸节奏可在不同情况下反映人体的健康状态。通过雷达对人体呼吸检测，可了解人体疲软状态以及睡眠质量等信息。本实验利用雷达检测人体的呼吸信号，并利用所学知识提取呼吸相位，进行呼吸信息提取，熟悉掌握人体呼吸检测的雷达系统参数设计，为雷达在智慧医疗领域的应用提供基本的实验基础。

8.5.2　实验准备

根据第6章非接触人体呼吸和心跳检测的内容，设计雷达系统参数，并根据第6章的习题3编写实验数据处理程序。

8.5.3　呼吸测量实验步骤

- 设置雷达场景。以图8-17为例，连接好雷达硬件。待测试对象需坐在椅子上，胸腔部位正对雷达设备。

图 8-17　一个人体呼吸检测实验场景设置

- 按照8.2.2节的步骤，以表8-5提供的系统参数为参考，设置mmWave studio 软件。

表 8-5　一个人体呼吸检测实验的雷达参数设置例子

参　　数	值
起始频率	77GHz
带宽	4GHz

续表

参　　　数	值
扫描周期	0.05s
距离向采样点数	128
采样率	2Msps

- 启动DCA1000，在人体正常呼吸、屏住呼吸、运动后急速呼吸实验条件下，依次采集和保存雷达数据。

8.5.4　实验结果分析

- 根据8.2.3节提供的程序，读取雷达每个回波数据。
- 对雷达数据进行距离向压缩，定位人体静止部位的距离单元。
- 根据人体静止部位所在的距离单元位置，提取慢时间域雷达数据。
- 对慢时间域雷达数据进行去直流偏置处理、求相位、相位解缠与呼吸信号带通滤波处理。
- 运用傅里叶变换，对呼吸信号进行呼吸率分析，并填写记录完成表8-6。

表 8-6　人体呼吸检测实验结果记录表

呼 吸 状 态	呼吸图特征	呼 吸 率
正常呼吸		
屏住呼吸		
运动后急速呼吸		

正常呼吸和屏住呼吸状态下，雷达检测得到的人体呼吸波形如图8-18所示。

图 8-18　雷达检测得到的人体呼吸波形图

习题

根据实验过程与结果，撰写相关毫米波雷达的实验报告。报告应包含下面几项内容。

- 实验背景及意义：简要分析该实验的应用背景及意义。
- 实验原理：简述实验相关的理论方法。
- 实验场景和软硬件：附图说明实验采用的软硬件以及实验场景。
- 实验步骤与结果：简述实验步骤，并给出每个步骤的结果。
- 实验总结：总结实验过程与结果，所遇到的问题与解决方法，理论与实验相结合的体会等。
- 参考文献：如果引用他人的方法和程序，需按照国家标准进行引用标注。

参 考 文 献

[1] 郑君里, 应启珩, 杨为理. 信号与系统 [M]. 3 版. 北京: 高等教育出版社, 2011.

[2] RICHARDS M A. Fundamentals of Radar Signal Processing[M]. New York: McGraw-Hill Education, 2014.

[3] Mobile, Radiodetermination, Amateur and Related Satellite Service. Systems Characteristics of Automotive Radars Operating in the Frequency Band 76-81GHz for Intelligent Transport Systems Applications[R]. Geneva, 2018.

[4] 工业和信息化部. 工业和信息化部关于印发汽车雷达无线电管理暂行规定的通知. 北京, 2021[2022-02-06]. https://wap.miit.gov.cn/jgsj/wgj/wjfb/art/2021/art_fd12534f4a5843768 be41b8b98c77f2b.html.

[5] XU Z H, YUAN M. An Interference Mitigation Technique for Automotive Millimeter Wave Radars in the Tunable Q-Factor Wavelet Transform Domain[J]. IEEE Transactions on Microwave Theory and Techniques, 2021, 69(12): 5270-5283.

[6] Texas Instruments. Complex Baseband Architecture Using TI mmWave. Texas, 2017. https://training.ti.com/node/1128707.

[7] XU Z H, BAKER C J, POONI S. Range and Doppler Cell Migration in Wideband Automotive Radar[J]. IEEE Transactions on Vehicular Technology, 2019, 68(6): 5527-5536.

[8] REHEEM A H, DAKHIL H R, JABBAR M T. Reference Range of Chest Expansion in Healthy Adult Living in al-Muthanna Governorate[J]. Medico-Legal Update, 2020, 20(4): 41609.

[9] GAMMILL S L, KREBS C, MEYERS P. Cardiac Measurements in Systole and Diastole[J]. Radiology, 1970, 94(1): 115-119.

[10] TOMITA H, YAMASHIRO T, MATSUOKA S. Changes in cross-sectional area and transverse diameter of the heart on inspiratory and expiratory chest CT: correlation with changes in lung size and influence on cardiothoracic ratio measurement[J]. PLoS One, 2015, 10(7): e0131902.

[11] ULABY F, LONG D. Microwave radar and radiometric remote sensing. [S.l.]: Artech House, 2015.

[12] DI MARTINO G, IODICE A, RICCIO D. Equivalent number of scatterers for SAR speckle modeling[J]. IEEE Trans. Geosci. Remote Sens., 2014, 52(5): 2555-2564.

[13] ZHANG K, ZUO W, CHEN Y. Beyond a Gaussian Denoiser: Residual Learning of Deep CNN for Image Denoising[J]. IEEE Transactions on Image Processing, 2017, 26(7): 3142-3155.

[14] Texas Instruments. MmWave Sensor Raw Data Capture Using the DCA1000 Board and mmWave Studio. Texas, 2017. https://training.ti.com/sites/default/files/docs/mmwave_sensor_raw_data_capture_using_dca1000_v02.pdf.

[15] Texas Instruments. Mmwave Radar Device ADC Raw Data Capture. Texas, 2017. https://www.ti.com/lit/an/swra581b/swra581b.pdf.